COLECCIÓN CIENCIA

Mundo de Beakman, El
Mundo de Beakman y Jax, El
Mundo de Beakman y Jax, más experimentos divertidos, El
Mundo de los insectos, El
Mundo de los reptiles, El
Si quieres experimentar... en casa puedes empezar/ con agua
Si quieres experimentar... en casa puedes empezar/ con aire

COLECCIONES

Belleza
Negocios
Superación personal
Salud
Familia
Literatura infantil
Literatura juvenil
Ciencia para niños
Con los pelos de punta
Pequeños valientes
¡Que la fuerza te acompañe!
Juegos y acertijos
Manualidades
Cultural
Medicina alternativa
Clásicos para niños
Computación
Didáctica
New Age
Esoterismo
Historia para niños
Humorismo
Interés general
Compendios de bolsillo
Cocina
Inspiracional
Ajedrez
Pokémon
B. Traven
Disney pasatiempos

Carlos Gutiérrez A.

Si quieres experimentar... ...en casa puedes empezar con agua

SELECTOR
actualidad editorial

Doctor Erazo 120
Colonia Doctores   Tel. 55 88 72 72
México 06720, D.F.   Fax. 57 61 57 16

SI QUIERES EXPERIMENTAR... EN CASA PUEDES EMPEZAR/ CON
AGUA

Ilustración de interiores: Blanca Macedo
Diseño de portada: Mónica Jácome

ISBN: 970-643-481-X

Primera edición: junio de 2002

NI UNA FOTOCOPIA MÁS

Contenido

Introducción

El agua es la base de la vida, pues sin ella los seres humanos, los animales y las plantas no existirían. Los seres humanos se han aglutinado en torno al agua, para dar origen a las grandes civilizaciones, ya que ésta es el centro de toda riqueza.

El ser humano ha utilizado el agua, hasta el momento, para uso doméstico, agrícola, industrial, de transporte, de recreo, para cultivar y explotar diversas especies acuáticas, producir energía y como un medio muy económico para eliminar desechos. No obstante que las aguas disponibles aparentemente alcanzan para cubrir las necesidades por habitante en la Tierra, han empezado a manifestarse alarmantes indicios de agotamiento en distintas regiones, debido a la irregularidad en la distribución y a su cada vez mayor demanda. Estos indicios permiten vislumbrar los problemas que la humanidad tendrá que afrontar en un futuro cercano respecto del agua. Para intentar solucionar el problema se han buscado nuevas fuentes de abastecimiento —hasta el momento restringidas por problemas tecnológicos y energéticos— como son aguas subterráneas profundas, aguas salobres y marinas, y la gran reserva de los glaciares.

Sin embargo, todo lo que se haga será inútil si no se comprende desde ahora que el agua se convierte, al sobrepasarse su capacidad natural de autopurificación, en un recurso no renovable; si se siguen utilizando grandes volúmenes con desechos, cualquier solución será inaplicable.

Ante este panorama, es importante que todos —niños, jóvenes, adultos y ancianos— tengamos conciencia de que no se desperdicie y contamine el agua.

En este sentido, la presente obra pretende que mediante ejercicios recreativos, lecturas y actividades experimentales con material sencillo y de bajo costo, las personas adquieran un mayor conocimiento sobre las características, propiedades y usos del agua e identifiquen algunas fuentes de contaminación.

También se espera que con este volumen se despierte en los lectores un sentido de respeto hacia el agua, sin la cual no podríamos vivir, y que ayude a comprender cómo afecta en lo que ocurre a nuestro alrededor.

El agua
y la vida

¿Cuánta agua hay en el cuerpo humano?

El agua es una de las sustancias más importantes para el ser humano. De hecho es la más abundante, pues en promedio las tres cuartas partes de lo que pesamos es agua.

Para que tengas una idea de la cantidad de agua que contenemos en nuestro cuerpo, pinta de color azul las zonas punteadas de los cuerpos humanos que a continuación se te muestran.

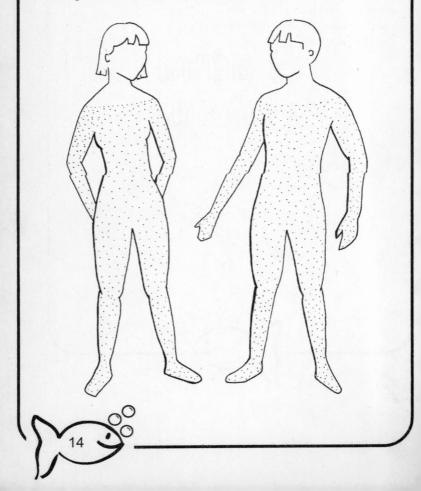

¿Cómo está distribuida el agua en el cuerpo humano?

El agua es la sustancia que se encuentra distribuida en todo el organismo del ser humano. Sin embargo, esta distribución no es igual para cada órgano, tejido y fluido (saliva, sangre, etcétera) corporal.

Para que conozcas las proporciones de agua que tienen algunas partes del cuerpo humano une, mediante líneas, la columna de la izquierda con la columna de la derecha, cuando los círculos correspondientes a las partes del cuerpo humano y a las proporciones de agua sean iguales.

Partes del cuerpo humano			Porcentaje de agua (%)
1. Corazón	⊘	⊙	10
2. Diente	⊙	⊕	22
3. Esqueleto	⊕	●	71
4. Hígado	⊖	⊖	73
5. Músculo	⊕	⊕	76
6. Piel	●	⊘	79
7. Pulmón	⊘	⊕	84
8. Tejido nervioso	⊕		

¿Qué parte del cuerpo humano contiene menos agua?

15

¿Cuál es el órgano del cuerpo humano que está constituido por un 90% de agua?

Si colocas las letras en las casillas en blanco, de acuerdo con la clave correspondiente, obtendrás el nombre del órgano del ser humano que está constituido en un 90% por agua. Una vez que sepas el nombre, identifícalo entre los órganos que se muestran en esta página y enciérralo en un círculo.

Este órgano es el

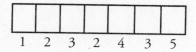

1	2	3	2	4	3	5

1. C
2. E
3. R
4. B
5. O

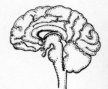

16

¿Cuál es el máximo porcentaje de agua en los fluidos biológicos?

En los fluidos biológicos, como la saliva, el plasma y los jugos gástricos, el contenido de agua es muy grande. Si quieres conocer el máximo porcentaje que pueden llegar a contener, elimina las figuras iguales y anota en el espacio correspondiente el número que aparece en el interior de la figura que no se repite.

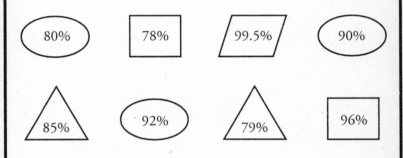

El contenido máximo de agua en los fluidos biológicos es de _____%.

Sin agua no podemos vivir

El funcionamiento del cuerpo humano requiere un equilibrio entre el agua ingerida o generada y el agua que pierde cada día. El organismo del hombre puede sobrevivir con la mitad de proteínas o casi sin grasas, pero no es capaz de aguantar la pérdida de más de un 15% de su agua. La razón es muy sencilla: sin agua no se puede elaborar la orina, y sin la ayuda de este mecanismo de eliminación (orina y sudor), los materiales de desecho del cuerpo se acumulan en la sangre y acaban por envenenar los tejidos.

¿Cuál es el consumo de agua del ser humano?

El ser humano no puede sobrevivir si deja de consumir agua. Un humano adulto ingiere en promedio 2.5 litros de agua diariamente por medio de los líquidos y sólidos que toma.

Si quieres conocer la cantidad de agua que adquiere un adulto por cada 1.38 kilogramos de comida sólida que consume, relaciona la columna de la izquierda con la de la derecha mediante líneas que unan las figuras iguales de cada columna.

Alimento	Peso (gramos)			Cantidad de agua (gramos)
Pan	300	⊘	⊙	0
Leche	200	⊕	⊙	225
Carne	100	●	●	76
Papas	300	⊙	⊕	175
Verduras	150	⊘	○	9.5
Fruta	50	⊗	⊕	49
Queso	60	⊕	⊕	21
Pescado	60	⊕	⊘	100
Embutidos	80	○	⊗	40
Grasa	40	⊙	⊘	133
Azúcar	40	⊙		

La cantidad de agua que ingiere el ser humano en sus alimentos depende del tipo de alimentos que consume.

19

Responde las siguientes preguntas:

1. De acuerdo con el cuadro anterior, ¿cuántos gramos de agua contienen en total los alimentos considerados?

   _____

2. De los alimentos enlistados en el cuadro, ¿cuáles son los que proporcionan la mayor cantidad de agua?

   _____

3. ¿Qué alimentos del cuadro no contienen agua?

   _____

¿Intoxicación por agua?

La ingestión innecesaria de grandes cantidades de agua puede producir graves trastornos corporales, al originar una producción excesiva de orina y la eliminación, por medio de ella, de elementos minerales esenciales; el resultado es el incremento de agua en los fluidos del cuerpo y la aparición de un cuadro clínico conocido como **intoxicación por agua.**

¿Cuál es la función del agua en el cuerpo humano?

El agua realiza diferentes funciones en el cuerpo humano. Si deseas conocer algunas, completa las siguientes oraciones colocando las palabras adecuadas en los espacios en blanco de acuerdo con la numeración que aparece en la clave.

1. El (1) _____ sirve para (2) _____.

2. El (1) _____ distribuye los (3) _____.

3. El (1) _____ elimina los (4) _____.

4. El (1) _____ promueve la (5) _____.

5. El (1) _____ se utiliza para controlar la (6) _____ del cuerpo.

1. agua   2. irrigar   3. nutrientes

4. desechos   5. digestión   6. temperatura

Disminución del agua corporal

La disminución del agua corporal puede ocurrir por alguno de estos tres mecanismos fundamentales: *1)* disminución del ingreso; *2)* aumento de la excreción por piel, riñones y aparato gastrointestinal, y *3)* pérdida de solutos urinarios que incrementa la excreción del agua, como sucede en cierto tipo de diabetes.

El agotamiento del agua corporal total se manifiesta inicialmente por disminución del volumen sanguíneo. Si ésta ocurre con brusquedad, puede sobrevenir un paro cardiaco que puede tener como desenlace la muerte. Si deseas identificar el nombre con que se conoce la disminución del agua corporal, coloca en el mismo orden en los espacios en blanco las letras que aparecen en el recuadro.

D S H D R T C N

La disminución de agua corporal recibe el nombre de:

	E			I		A		A		I	Ó	

Glándulas benefactoras

Eliminando las letras que aparecen en el rectángulo tres o más veces, obtendrás las sílabas que forman el nombre de las glándulas que se encargan de eliminar agua con un poco de sal y algunos ácidos grasos que dan su peculiar olor a la transpiración. Por eso, se ha dicho que el sudor es una orina diluida y por lo mismo es que se debe realizar una higiene adecuada de la piel, a fin de que la transpiración se haga libremente.

B	F	B	S	U	F	G	E	G	D	O
E	G	X	H	G	R	I	E	E	X	B
G	B	X	H	B	P	A	H	F	E	G
E	G	E	X	F	X	R	A	S	F	H

Las glándulas que se encargan de eliminar el agua en el ser humano son las _____.

24

Algo sobre el sudor

Cuando una persona suda, pierde sal. Por lo tanto, si la sudoración es prolongada, hay un empobrecimiento de las reservas de sal en su organismo. En estas condiciones, si una persona bebe agua, no beberá lo suficiente (a menos que se le fuerce a ello) para compensar por completo la pérdida de agua y el descenso de la concentración de sal de sus líquidos orgánicos. Si el agua que se le da a beber es ligeramente salada, la persona puede compensar completamente la pérdida de agua y al mismo tiempo restablecer su equilibrio salino. Es por eso que los mineros y los horneros beben agua salada y los atletas toman comprimidos de sal.

El ser humano suda continuamente y, si no repone el agua perdida, su sangre se espesa y el corazón tiene que trabajar más para poder bombearla. El resultado es un quebranto físico cuando ha perdido 5% del peso de su cuerpo; el delirio cuando ha perdido 10%; la aparición de taquicardias si la pérdida es del 12%, y finalmente la muerte cuando la pérdida es igual o superior al 15%.

Ahora comprenderás por qué a los bebés y a los niños pequeños se les atiende inmediatamente cuando están deshidratados y se les da a beber agua con sales (suero oral).

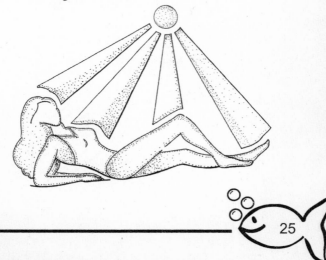

¿Cuánto se suda?

La transpiración permite tanto evitar la elevación de la temperatura del cuerpo humano como eliminar los productos de desecho.

La transpiración se debe a las glándulas sudoríparas, que miden aproximadamente 3 mm cada una, concentradas especialmente en las plantas de los pies, las palmas de las manos, la frente, el pecho y las axilas. Se suda de manera continua sin que se tenga conciencia de ello. Si quieres saber cuánto suda una persona que realiza sus actividades ordinarias y una que vive en el trópico, relaciona las dos columnas mediante líneas que unan las figuras iguales.

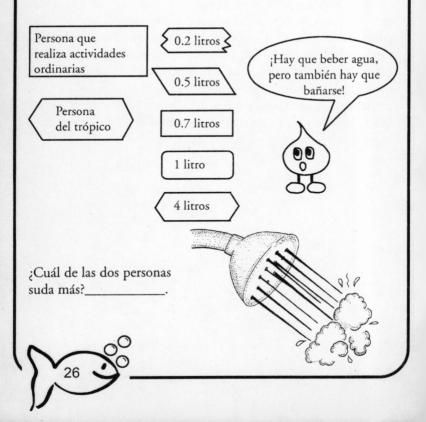

Persona que realiza actividades ordinarias

Persona del trópico

0.2 litros

0.5 litros

0.7 litros

1 litro

4 litros

¡Hay que beber agua, pero también hay que bañarse!

¿Cuál de las dos personas suda más?_____.

¿Por qué se usa ropa en el desierto si no hace frío?

Una persona perdida en el desierto o en el mar debe conservar puestas sus ropas y protegerse con un techo improvisado de los rayos solares a fin de reducir la transpiración del agua a través de su piel, y poder sobrevivir más tiempo y aumentar así las posibilidades de ser salvado. Si se quita la ropa, incrementa su transpiración y se reduce el agua de su organismo; si esta pérdida sobrepasa el 12%, su vida corre peligro.

¿Cuánta orina elimina el ser humano?

En promedio el ser humano elimina 1.5 litros de orina al día; es decir, 45 litros al mes y 540 litros al año. Durante su vida el hombre elimina 34 560 litros y la mujer 38 340 litros (ya que en promedio vive más que el hombre). Si quieres conocer la cantidad de orina que producen diez, cien, mil y un millón de personas en un año, haz las operaciones indicadas a continuación:

Personas	Operación	Total de orina en un año
100 (cien)	100 x 540 litros	= _____ litros
1 000 (mil)	1 000 x 540 litros	= _____ litros
10 000 (diez mil)	10 000 x 540 litros	= _____ litros
100 000 (cien mil)	100 000 x 540 litros	= _____ litros
1 000 000 (un millón)	1 000 000 x 540 litros	= _____ litros

¡Entre más agua bebas, más orinarás, y entre más vivas, más orina producirás!

¿Qué se hace con tanta orina? ¿Te has preguntado adónde se envía?

28

Componente del protoplasma celular

Elemento indispensable para la vida, constituye el principal componente del protoplasma celular. Ocupa aproximadamente las cuatro quintas partes de nuestro planeta y, a pesar de su abundancia en la naturaleza, su obtención con las características útiles para los usos que le da la humanidad es cada día más difícil.

Si deseas conocer el nombre de esta sustancia, elimina todas las letras que aparezcan tres o más veces en el recuadro y órdenalas, en los cuadros en blanco, conforme aparezcan en los cuadros en blanco.

A	B	C	D	E	F	D	H
B	C	G	E	F	H	I	B
B	C	D	E	U	H	I	J
J	F	I	D	J	H	J	A

Esta sustancia es el

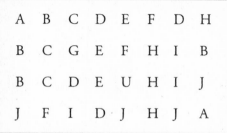

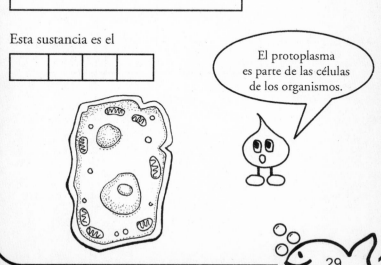

El protoplasma es parte de las células de los organismos.

Tipo especial de glándulas

Si sigues las líneas y colocas las letras en las casillas, obtendrás el nombre de las glándulas cuya ausencia en la palma de las manos y en la planta de los pies hace que la piel de éstas aparezca arrugada después de una prolongada inmersión en el agua.

Los nadadores se untan el cuerpo con lanolina cuando deben permanecer varias horas en el agua.

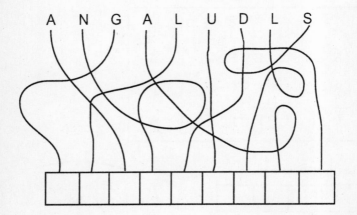

Pérdida de agua de las plantas

En esta actividad identificarás qué tipo de plantas no pierden fácilmente el agua.

Necesitas:

Planta casera (geranio) con maceta.

Cacto con maceta.

Dos botellas vacías de refresco (de 2 litros).

Dos bolsas de plástico transparente.

Hilo de cáñamo.

Tijeras.

Dos platos.

Agua.

Plastilina.

Cómo proceder:

- Vierte en cada planta alrededor de 100 ml de agua (cuida que sea la misma cantidad de agua); envuelve cada maceta con una bolsa de plástico y amárrala con el hilo, como se muestra en la figura de abajo.

Las bolsas deben envolver cada maceta tal como se ilustra.

- Con las tijeras corta con cuidado la base de cada botella de plástico transparente.
- Coloca cada botella tapada sobre cada planta. Sella con plastilina las bases de las botellas como se muestra en la siguiente figura.

Tapa cada maceta con las botellas.

- Deja las botellas en un lugar donde les dé el sol.
  ¿Qué observas al cabo de dos días?

Explicación:

Al cabo de dos días se observan gotas de agua en el interior de las botellas. Las plantas absorben agua por sus raíces y la usan para alimentarse, pero parte de ella se evapora a través de los pequeños poros que tienen sus hojas. Más vapor de agua es producido por la planta casera (geranio), ya que los cactos, al provenir de desiertos, donde el agua es escasa, pierden muy poca de ésta a través de sus hojas.

Salud y agua

La Organización Mundial de la Salud (OMS) reporta que casi la cuarta parte de las camas en los hospitales de todo el mundo están ocupadas por enfermos con padecimientos provocados por la insalubridad del agua; además, considera que una gran cantidad de seres humanos dejan de trabajar temporalmente durante el año por la misma causa.

Si quieres conocer el número aproximado de seres humanos que dejan de trabajar durante un año por enfermedades causadas por la insalubridad del agua, coloca los números que aparecen en el círculo en las casillas, de manera que el número mayor se encuentre en la primera casilla de la izquierda.

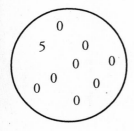

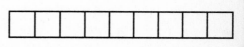

de seres humanos dejan de trabajar en un año.

¿Qué es la hidroterapia?

La aplicación del agua como medida terapéutica es tan vieja como la humanidad, pero sólo en los últimos tiempos se ha desarrollado un método que cuenta con muchos adeptos. La hidroterapia ofrece muchas posibilidades de aplicación. Se usa para vigorizar el organismo, para sustraer calor, para estimular el riego sanguíneo, para provocar la sudoración y en diversas aplicaciones intensivas, por su acción sobre el sistema circulatorio.

Como cualquier método de curación, la hidroterapia requiere cuidados y experiencia. La elaboración de un programa de curación y la vigilancia del médico son indispensables. Todas las aplicaciones hidroterapéuticas obran sobre la piel con estímulos térmicos y mecánicos. Dichos estímulos se transmiten mediante la circulación sanguínea y los nervios hasta los órganos internos. En la hidroterapia se usa agua fría, caliente o templada.

¡Qué manera de curarse!

¿En qué consiste la hidroterapia aplicada a la rehabilitación de una extremidad paralizada por enfermedad o accidente?

Cuando el cuerpo humano se sumerge en agua experimenta una gran disminución de peso, porque su densidad media es sólo un poco mayor que la del agua. Es decir, la masa del cuerpo humano es ligeramente mayor que la masa del agua cuando ocupa volúmenes iguales. Por lo tanto, la fuerza que el cuerpo requiere para mover cualesquiera de sus extremidades (brazos y piernas) se reduce enormemente y el ejercicio terapéutico resulta más eficaz.

Los ejercicios en el agua ayudan al paciente a ejecutar movimientos en un medio que se los facilita enormemente, de modo que con poco esfuerzo el paciente puede desplazar las extremidades gravemente afectadas y realizar diversos ejercicios, los cuales no podría llevar a cabo sin la ayuda del agua. Estos ejercicios tienen especial importancia en la recuperación de los enfermos de poliomielitis y en los pacientes con problemas ortopédicos (por ejemplo, quienes se recuperan de una fractura de huesos).

El agua de mar como agente terapéutico

El empleo terapéutico del agua de mar es muy antiguo, aunque adquirió categoría científica hasta hace muy pocos años. Al beber agua de mar se estimula todo el metabolismo del organismo y, por lo mismo, sus indicaciones y contraindicaciones son muy precisas. Sólo un médico capacitado debe establecer su conveniencia, según la historia clínica del paciente. También el uso externo del agua de mar puede resultar útil. Las curas con baños de agua de mar suelen ser muy eficaces en algunas heridas purulentas, ciertos eczemas y abscesos. Se ha demostrado que ejercen una acción positiva sobre el proceso de cicatrización, pues reducen la cicatriz al mínimo y se consigue así un efecto estético nada despreciable.

El agua y las enfermedades

Si colocas las letras en las casillas siguiendo las líneas que las unen, obtendrás el nombre con el que se conoce a las enfermedades transmitidas al ingerir agua no potable, entre estas enfermedades figuran la fiebre tifoidea, la disentería amibiana y la diarrea infantil.

D R I S A C H I

Enfermedades

Si no consume agua potable, el ser humano se enferma.

Trastornos transmitidos por el agua

El agua puede convertirse en un agente transmisor de enfermedades de origen parasitario y microbiano, si es que en ella se encuentran parásitos, bacterias o virus. Por otro lado, también hay enfermedades que se favorecen por la ausencia del agua en la higiene personal, entre ellas el tifo, que se transmite por el piojo de la sarna.

Si quieres conocer algunas de las enfermedades que se pueden transmitir por el consumo de agua que contiene diversos agentes patógenos, coloca en los espacios en blanco las letras faltantes de acuerdo con la clave del recuadro.

AGENTE PATÓGENO   ENFERMEDADES

PARÁSITOS . . . .
$$\underset{1}{\_}\ mi\underset{2}{\_}\ i\ \underset{1}{\_}\ \underset{3}{\_}i\ s,$$

BACTERIAS . . . .
$$tif\ \underset{5}{\_}\ id\ \underset{4}{\_}\ \underset{1}{\_}$$
$$s\ \underset{1}{\_}\ lm\ \underset{5}{\_}\ n\ \underset{4}{\_}\ l\ \underset{5}{\_}\ sis$$

VIRUS . . . .
$$h\ \underset{4}{\_}\ p\ \underset{1}{\_}\ titis$$
$$p\ \underset{5}{\_}\ li\ \underset{5}{\_}\ mielitis$$

Clave: a → 1, b → 2, c → 3, e → 4, o → 5

38

Agua medicinal

Si eliminas las letras que aparecen cuatro o más veces en el rectángulo, encontrarás las sílabas que forman el nombre de las aguas que, usadas en forma de baño o como bebida, actúan en la cura de eczemas agudos y crónicos, acné, urticaria, faringitis, enfermedades respiratorias crónicas y asma bronquial.

E	B	K	J	D	H	H	N	K	J	B	I
I	S	U	L	E	M	N	K	M	C	D	K
C	D	K	D	F	U	K	M	G	F	H	H
G	E	H	N	C	I	R	O	E	J	C	B
L	G	J	N	M	N	D	B	S	A	S	I
E	I	B	K	C	G	E	H	D	J	I	E

Estas aguas medicinales son las aguas

39

¿Cuánta agua nos toca?

Si se repartiese el agua potable que existe entre los habitantes del mundo, a cada uno de nosotros nos correspondería el equivalente a unos 300 millones de metros cúbicos; es decir, suficiente como para llenar unos cien estadios de futbol. El problema es que el 97% permanece en estado sólido; esto es, en forma de hielo. Por lo mismo, las disponibilidades inmediatas de agua potable están radicalmente disminuidas en volumen y mediatizadas por su distribución desigual en el planeta, sin contar con los efectos nocivos de la contaminación industrial, agrícola y doméstica.

¿De dónde obtiene el agua la humanidad?

La humanidad obtiene el agua que necesita para su uso personal y para el industrial de los lugares de más fácil acceso y de donde le resulta más cómodo extraerla; es decir, de los ríos, lagunas y lagos. Sin embargo, también la toma de las capas subterráneas del suelo, para lo cual debe ingeniárselas haciendo pozos e instalando bombas.

Para proveer de agua a las poblaciones que no están cerca de ríos es necesario construir acueductos, mediante los cuales el vital elemento puede llevarse desde lugares distantes. En la ciudad de México, debido a la explosión demográfica, el agua se trae desde lugares cada vez más alejados, para poder atender las necesidades básicas de la población y de la industria.

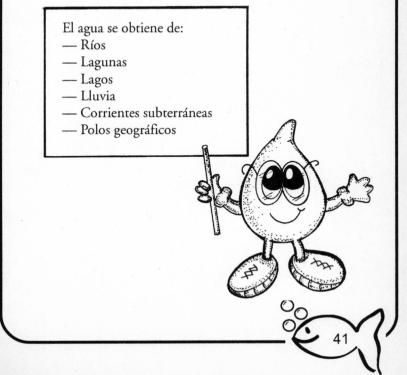

El agua se obtiene de:
— Ríos
— Lagunas
— Lagos
— Lluvia
— Corrientes subterráneas
— Polos geográficos

¿Cuál es la disponibilidad de agua en México?

Para evaluar los recursos hidráulicos de un país se calcula la disponibilidad natural de agua por habitante en un año. La disponibilidad de agua se considera baja si un habitante consume durante un año menos de 1 000 metros cúbicos. En la actualidad más del 50% de los países en el mundo tienen disponibilidades anuales menores a 5 000 metros cúbicos, y se estima que para el año 2025 aproximadamente las dos terceras partes de la población mundial vivirán en países con baja disponibilidad de recursos hidráulicos.

Si quieres conocer cuál es la disponibilidad de agua por habitante en un año en la República Mexicana, coloca en las casillas los números que se relacionan con ellas mediante líneas.

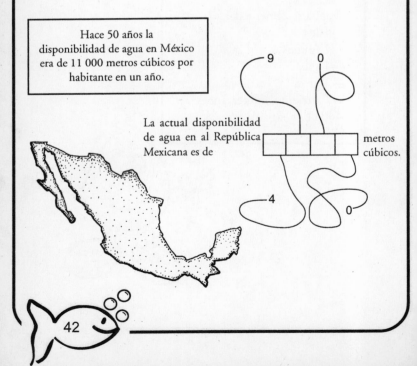

Hace 50 años la disponibilidad de agua en México era de 11 000 metros cúbicos por habitante en un año.

La actual disponibilidad de agua en al República Mexicana es de ____ metros cúbicos.

9   0

4   0

¿Cuál es la disponibilidad de agua en los diversos países?

La disponibilidad de agua es diferente en cada país. Algunos, como Canadá, disponen de 99 700 metros cúbicos de agua por habitante al año, mientras que otros, como Egipto, sólo disponen de 1 000 metros cúbicos por habitante al año. Si quieres conocer la disponibilidad de agua de otros países, une mediante líneas las dos columnas cuando las figuras sean iguales.

Países	Disponibilidad de agua promedio por habitante en un año (metro cúbico)
Brasil ☉	☺ 29 100
Argentina ☉	☉ 43 300
Estados Unidos ⊘	⊘ 4 400
Japón ⊘	○ 4 900
Nigeria ⊗	⊘ 9 500
China ⦶	⊗ 2 300
India ⊗	⊗ 2 900
Egipto ⊕	⦶ 2 400
México ○	⊕ 1 000
Canadá ⊕	⊕ 99 700

En caso de que no se haga un uso eficiente del agua, la situación se agravará drásticamente en países con baja disponibilidad de agua.

¿Qué país tiene la mayor disponibilidad de agua por habitante al año?

_____

¿Cuál es la disponibilidad de agua en Estados Unidos?

_____

¿Qué país tiene una disponibilidad de agua de 2 300 metros cúbicos de agua al año?

_____

Las viviendas y el agua

En algunos estudios realizados por la Organización Mundial de la Salud sobre el abastecimiento del agua, se encontró que en centros urbanos de 76 países en desarrollo, únicamente la tercera parte de la población dispone de tuberías para el agua a domicilio; otra tercera parte tiene acceso relativamente fácil a instalaciones de agua, y el resto recurre a procedimientos poco satisfactorios y escasamente higiénicos.

Si deseas conocer el porcentaje aproximado de viviendas que en México no cuentan con agua entubada, encuentra la salida del laberinto.

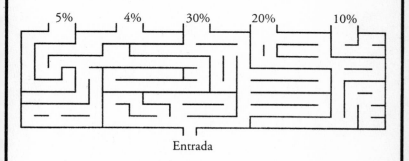

El porcentaje de viviendas que no cuenta con agua entubada es de
_____ .

Propiedades del agua

Propiedades físicas del agua

Si deseas conocer algunas propiedades físicas del agua, coloca la letra "i" o la "e" según convenga en los espacios en blanco de las siguientes afirmaciones.

1. El agua es un l__qu__do __ncoloro, __nodoro e __ns__pido.

2. Es el mejor solv__nt__ conoc__do.

3. Se sol__d__f__ca a los 0°C; es decir, se convierte en h____ lo.

4. H____ rv__ a la temperatura de 100°C al n__ v __l del mar.

5. Su d__ns__dad t____ n__ un valor de 1 (es decir, 1 centímetro cúbico de agua tiene una masa de 1 gramo a una temperatura de 4°C).

6. Su calor __sp__cíf__co t__ __ n__ un valor de 1 (es decir, un gramo de agua requiere 1 calor__a para __l__var su t__mp__ratura 1°C).

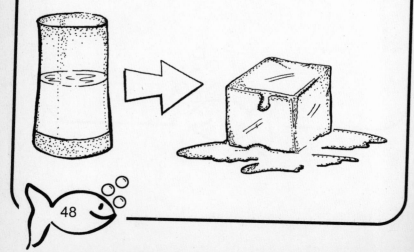

48

El agua como compuesto químico

La composición del agua se determina por medio del análisis cuando se separan sus elementos y, por síntesis, cuando se unen los elementos que la constituyen. Una molécula de agua contiene dos átomos de hidrógeno y un átomo de oxígeno. En 100 gramos de agua hay aproximadamente 89 gramos de oxígeno y 11 gramos de hidrógeno. Si deseas conocer el nombre del agua que no contiene sustancias disueltas y que se obtiene por medio de la destilación, coloca las vocales adecuadas de acuerdo con la clave.

Esta agua se conoce como agua:

$$D \underset{2}{\_\_} ST \underset{3}{\_\_} L \underset{1}{\_\_} D \underset{1}{\_\_}$$

1 = A   2 = E   3 = I   4 = O   5 = U

Composición del agua

A la salida del laberinto encontrarás el nombre del científico que en 1789, en su *Tratado elemental de química*, escribió que el agua estaba compuesta de dos elementos: hidrógeno y oxígeno. Este científico gastó grandes sumas de dinero en los experimentos que realizó sobre la síntesis del agua.

Priestley   Cavendish   Lavoisier   Sheele

Entrada

Este científico fue guillotinado durante la Revolución Francesa.

El científico es _____.

La molécula del agua

Si quieres conocer la forma de la molécula del agua completa el siguiente texto. Coloca las palabras faltantes en los espacios en blanco de acuerdo con la clave que aparece al final de la página.

La fórmula de una molécula de (1)_____ tiene más o menos la forma de la cabeza de un personaje de caricatura: el ratón (2)_____; sus dos voluminosas (3)_____ representarían el (4)_____ y su cara el (5)_____.

De hecho, sólo en estado gaseoso se puede considerar que el (1)_____ adquiere esta forma. En estado (6)_____ las moléculas de agua median unas sobre otras y se entrelazan en pequeños grupos.

←Átomo de_____
④

←Átomo de _____
⑤

Molécula de _____
①

Esta forma de la molécula del agua hace que tenga propiedades especiales.

Clave

1. agua
2. Miguelito
3. orejas
4. hidrógeno
5. oxígeno
6. líquido

51

Temperatura de solidificación del agua

El agua también puede encontrarse en la naturaleza en estado sólido; es decir, en forma de hielo. A la salida del laberinto encontrarás la temperatura a la cual el agua en estado líquido se convierte en hielo.

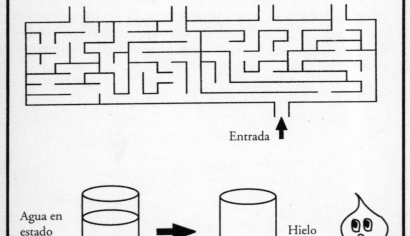

10°C   0°C   200°C   100°C

Entrada

Agua en estado líquido   Hielo

El agua al disminuir su temperatura a _____ se convierte en hielo.

El deshielo

Al finalizar el invierno, con los primeros calores comienza en las montañas nevadas el deshielo. Esto es un proceso que consiste en que el agua en estado sólido, en forma de hielo, pasa a estado líquido debido al incremento de temperatura. Los torrentes y los ríos que descienden por las laderas van así súbitamente acrecentando su caudal. Muchos de ellos se desbordan e inundan la región por donde pasan, a menos que sean contenidos por obras de defensa, como los diques o presas que, además de evitar las inundaciones, pueden ser fuentes de energía hidroeléctrica y permiten conservar el agua para su distribución en época de escasez. Si deseas conocer el nombre con que se conoce el fenómeno en que el agua pasa del estado sólido al estado líquido, coloca en el espacio en blanco las letras que aparecen en negritas en el texto.

El cambio de estado sólido a líquido del agua recibe el nombre de:

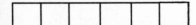

Evaporación y ebullición

La ropa mojada, un charco de agua, el patio mojado por la lluvia, se secan después de algún tiempo. Esto se debe a que el agua que contienen se evapora; es decir, pasa del estado líquido al gaseoso. El agua contenida en un recipiente también puede pasar al estado gaseoso si se hace hervir durante suficiente tiempo. En la **evaporación**, el agua se transforma en vapor lentamente y a temperatura ambiente. En la **ebullición**, esa transformación se realiza turbulenta y rápidamente a una temperatura de 100°C al nivel del mar, o a 93°C al nivel de la ciudad de México. En los espacios en blanco, coloca las letras que forman el nombre del proceso físico que provoca que la ropa se seque cuando se cuelga en los tendederos.

La ropa se seca por:

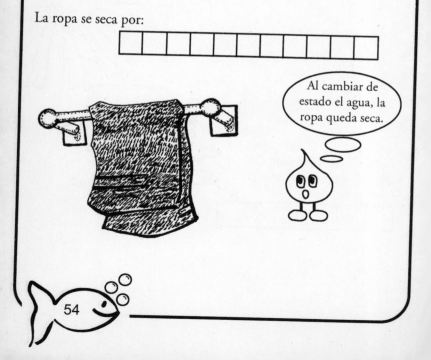

Al cambiar de estado el agua, la ropa queda seca.

La evaporación

En esta actividad verificarás que el agua se evapora más rápidamente bajo la acción de los rayos solares.

Necesitas: dos platos, agua y alcohol.

Cómo hacerlo:

Coloca dos platos soperos en el pretil de la ventana o en una mesa que colinde con la ventana, como se ilustra en la figura de abajo. Vierte en cada plato dos cucharadas de agua para demostrar la importancia del sol y la sombra en el proceso de evaporación. Coloca un plato al sol y el otro a la sombra.

Obsérvalos cada media hora y advertirás que el agua del plato que está al sol se evapora más rápidamente, mientras que el que está a la sombra mantiene su volumen casi constante.

¿Qué sucede?

El calor que proviene del sol hace que el agua se evapore con más rapidez y por eso los charcos se secan más rápido en días soleados que en los días nublados.

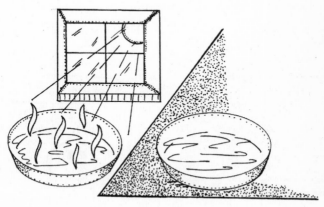

¿En qué plato se evapora más rápido el agua?

Punto de ebullición del agua

El agua en estado líquido se puede convertir en un gas (vapor de agua) si se calienta a determinada temperatura, que se conoce como temperatura de ebullición o punto de ebullición. A la salida del laberinto encontrarás el valor de dicha temperatura, cuando el agua se encuentra sobre el nivel del mar.

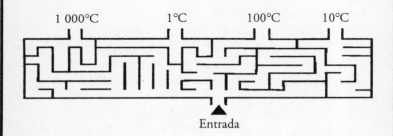

1 000°C   1°C   100°C   10°C

Entrada

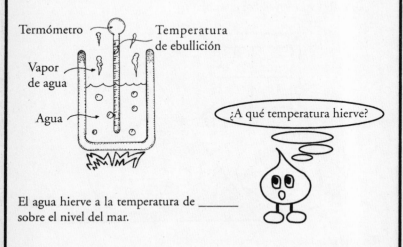

Termómetro   Temperatura de ebullición

Vapor de agua

Agua

¿A qué temperatura hierve?

El agua hierve a la temperatura de _____ sobre el nivel del mar.

56

Solidificación del agua

El agua en la naturaleza también se encuentra en estado sólido; es decir, en forma de hielo, en los icebergs, en los polos terrestres y en las altas montañas. Si quieres convertir el agua en estado sólido, haz lo siguiente:

Necesitas: un vaso, agua y un refrigerador.

Como proceder: vierte agua en el vaso, hasta la mitad de su capacidad. Colócalo en el congelador del refrigerador durante 24 horas. Retira el vaso y observa su contenido.

Explicación: al descender la temperatura, las moléculas de agua ya no pueden desplazarse, sino únicamente vibrar y formar cristales; es decir, el agua pasa al estado sólido y se convierte en hielo.

Temperatura de descomposición del agua

El agua es un compuesto que facilita las reacciones químicas. Muchas sustancias, aunque estén juntas, no reaccionan sino hasta que se les agrega agua. El agua a la temperatura ambiental es un compuesto muy estable, pero si deseas conocer la temperatura mínima que se requiere para descomponerse en sus componentes (oxígeno e hidrógeno), coloca en las casillas, en orden descendente, los números que aparecen en las fichas de dominó.

El agua se descompone a ⬜⬜⬜⬜ °C

| 1 • | 0 ∴ |

| 0 :: | 3 •• |

Electrólisis del agua

Si colocas las letras en las casillas siguiendo las líneas que las unen, encontrarás el nombre del proceso en el cual el agua también se puede descomponer en hidrógeno y oxígeno a temperaturas ambientales, mediante una corriente eléctrica. Esto se consigue haciendo pasar corriente eléctrica, producida por pilas comunes, a través de agua ligeramente acidulada.

E E I I Ó L C T R L S S

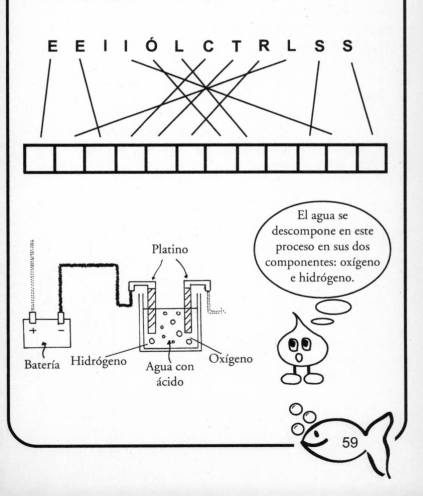

Platino

Batería   Hidrógeno   Agua con ácido   Oxígeno

El agua se descompone en este proceso en sus dos componentes: oxígeno e hidrógeno.

Aguja flotadora

Si le preguntas a uno de tus amigos si es posible que una aguja metálica flote sobre la superficie del agua, probablemente te responderá que es imposible. Sin embargo, tú puedes demostrar que las agujas metálicas sí pueden flotar.

Necesitas:

Un recipiente limpio con agua.
Un tenedor.
Una aguja.

Cómo proceder:

Empleando el tenedor, coloca con cuidado la aguja horizontalmente sobre la superficie del agua, tal como se ilustra en la figura de abajo, y al retirar con cuidado el tenedor observarás que la aguja flota.

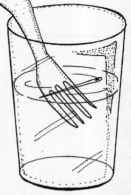

Con cuidado coloca la aguja sobre la superficie del agua.

Explicación:

Esto se explica porque la superficie del agua tiene un comportamiento igual a una finísima piel que cubre el resto del agua. Esto se debe a que las moléculas superficiales del agua se unen más por la atracción que ejercen sobre ellas las moléculas que están debajo, haciendo que se junten y resistan el rompimiento.

Lo que sucede, entonces, es que el tenedor rompe la "piel" de la superficie del agua, pero rápidamente se forma otra vez debajo de la aguja. La "piel" sostiene la aguja y evita que se hunda, ya que su peso no es suficiente para vencer las fuerzas que sostienen a las moléculas unidas. Si te acercas, observarás que la "piel" se curva bajo la aguja.

¿Cuántos alfileres puedes meter en una copa de cristal llena de agua sin que ésta se derrame?

Si planteas esta pregunta a tus amigos, quizá la mayoría responda que ninguno, pues bastaría con el primer alfiler para que el agua se derramara. Sin embargo, si quieres impresionarlos realiza el siguiente experimento.

Necesitas:

Una copa limpia de cristal de boca ancha.
Cien alfileres.

Cómo proceder:

Comienza a poner alfileres con cuidado, empezando por introducir la punta y soltándolos después, sin empujarlos, para evitar que cualquier sacudida pueda hacer que se derrame el líquido. Continúa con esta operación hasta que caiga la primera gota.

A la copa llena de agua agrégale los alfileres con cuidado.

Explicación:

Se sorprenderán de la cantidad de alfileres que contiene la copa. Se deberá notar que durante la colocación de alfileres, el agua sobresale un poco del borde de la copa, formando un menisco cuyo volumen es igual al que ocupan los alfileres introducidos. Si deseas conocer la propiedad física que permite la formación del menisco, coloca en los espacios en blanco las letras que aparecieron en tinta más oscura en el texto.

Esta propiedad del agua es la:

Caminantes sobre el agua

Algunos insectos, como los escarabajos de agua pueden caminar sobre el agua sin hundirse. La capa superficial del agua es suficientemente fuerte como para sostenerlos. Cede un poco para formar pequeños huecos alrededor de sus patas, pero no se rompe. Dichos insectos extienden sus largas patas para distribuir su peso sobre la capa superficial. Si deseas conocer la propiedad física que mantiene unidas a las moléculas superficiales del agua, une adecuadamente en los espacios en blanco las sílabas que aparecen en las figuras que tiene formas diferentes al círculo.

Esta propiedad es la: _____ _____

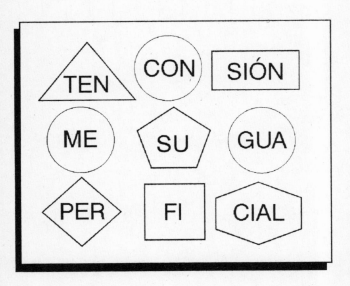

¿Es pura el agua de lluvia?

Decenas de actos cotidianos, como lavarse las manos, preparar un café, amasar pan o poner una inyección intramuscular, son posibles gracias a una de las características fundamentales del agua: su capacidad para actuar como D__S__L V__NT__ de gases, líquidos y sólidos. Si colocas las vocales E, I, O, E, en el orden conveniente en los espacios, descubrirás la palabra.

Esta propiedad es la causa de que el agua nunca se encuentre en la naturaleza en estado puro. Sin embargo, el agua de lluvia es una de las menos contaminadas.

¿Se mueve el agua en un vaso?

Con esta actividad observarás que el agua está en movimiento.

Necesitas:

Un frasco o vaso de vidrio grande.

Agua.

Un colorante vegetal para alimentos.

Cómo hacerlo:

Vierte agua en el frasco, casi hasta llenarlo, y colócalo en un lugar donde no se pueda mover.

Pon aproximadamente tres gotas de colorante (de preferencia de color oscuro) sobre el agua y observarás que durante su descenso las gotas del colorante se hunden hasta el fondo del frasco y forman rayas de color en el agua. Después de varias horas, el agua estará coloreada por completo.

¿Qué sucede?

Esto se debe a que las moléculas del agua se encuentran en movimiento constante (aunque a simple vista, el ojo no pueda verlas).

Las pequeñas partículas de color son empujadas por las moléculas de agua de manera que se distribuyen uniformemente en toda el agua del frasco. A este desplazamiento del color en el agua se le llama **difusión**.

¿Se desplaza el agua caliente hacia la superficie?

En la superficie libre del mar la temperatura no es igual, ya que es más baja cerca de los polos, aunque a gran profundidad prácticamente no hay diferencia. Sin embargo, en un recipiente con agua que se está calentando, el agua caliente tiende a subir hacia la superficie libre. Para verificar lo anterior puedes realizar el siguiente experimento.

Necesitas:

Una botellita.
Hilo.
Un recipiente de vidrio grande.
Agua caliente.
Agua fría.
Colorante vegetal.

Cómo hacerlo:

Ata el hilo al cuello de la botellita y llénala con agua caliente previamente coloreada. Vierte el agua fría al recipiente y coloca

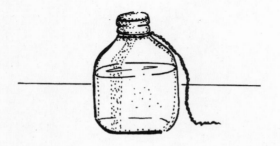

con cuidado la botellita. Es importante cuidar que el nivel del agua del recipiente con agua fría sea mayor que la altura de la botellita. ¿Qué observas?

¿Qué sucede?

El agua coloreada se eleva, ya que al ser el agua caliente más liviana que el agua fría, flota hacia la superficie del frasco. Después, el agua caliente se mezcla con el agua fría y toda quedará del mismo color.

Características del agua potable

Para poder beber el agua, ésta debe satisfacer ciertas características físicas. Si deseas conocerlas, relaciona mediante líneas los dibujos iguales de la columna de la izquierda con los de la derecha.

Temperatra ⊙   ⊙ Agradable

Color ⊘   ⊘ Incolora

Olor ⊗   ⊙ 7 a 18°C

Sabor ⊙   ⊗ Inodora

El agua potable debe satisfacer estas condiciones.

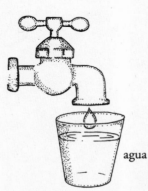

agua

70

Más sobre el agua potable

El agua potable es la que se emplea en la alimentación y las labores domésticas. Si deseas conocer cuáles son las condiciones que debe satisfacer el agua para que sea potable, completa las palabras colocando las vocales adecuadas en las siguientes expresiones.

1. Debe estar completamente l__mp____, ser __nc__l__ra, libre de todo sabor y __lor.

2. Deben cocerse bien las l__g__mbr__s y hacer __sp__m__ abundante con el jabón.

3. Contener cierta cantidad de s__l__s y a__re en disolución.

4. No debe contener b____ct____r_____s ni otros g__rm__n__s patógenos que pueden provocar enfermedades.

Tipos
de agua

Clasificación de las aguas por su origen

Las aguas se clasifican, en función de su origen, en meteóricas y telúricas. Si deseas conocer algunas de sus características, encuentra en el siguiente laberinto las salidas correspondientes.

Aguas telúricas

Aguas meteóricas

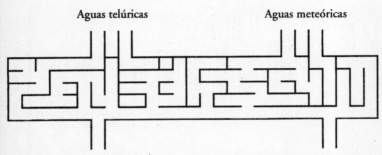

Forman corrientes como los ríos y originan manantiales.

Provienen de la condensación y solidificación del vapor de agua que contiene la atmósfera.

Aguas ricas

Son aguas continentales que contienen cantidades insignificantes de sales en disolución; son potables y por lo general se les encuentra en los ríos no contaminados, en las corrientes subterráneas y en los lagos. Por su mínima salinidad son mejores disolventes que las aguas oceánicas. Si deseas conocer el otro nombre con que se les conoce a estas aguas, elimina las palabras que aparecen más de una vez y coloca la que quede en el espacio en blanco.

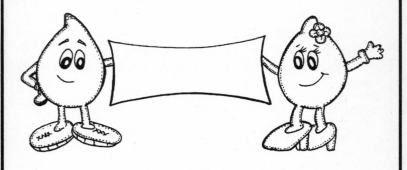

Mineral	Destilada	Dura
Termal	Dura	Carbónica
Carbónica	Mineral	Dulce
Termal	Dura	Destilada

Tipo de agua

El agua generalmente no se encuentra pura en la naturaleza, sino que contiene ciertas sustancias en disolución. Entre las aguas más comunes están las que contienen ácido sulfídrico y que se llaman sulfídricas; las que contienen bióxido de carbono, que conocemos como carbónicas, y otras llamadas sódicas, magnésicas, etcétera.

Cuando estas aguas surgen de los manantiales a una temperatura superior a los 20°C se denominan termales. Muchas de estas aguas son medicinales; algunas se beben, como las de Tehuacán, en Puebla, y otras se emplean en balnearios, como las de Agua Hedionda, en Cuautla, e Ixtapan de la Sal, en Morelos. Si deseas conocer el nombre genérico de este tipo de agua, coloca en las casillas, en orden ascendente, las letras que aparecen en las fichas de dominó.

Son
aguas

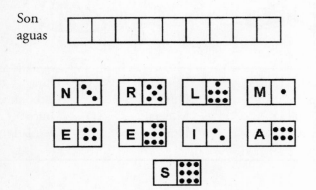

Una forma de agua

Si eliminas las letras que aparecen tres o más veces en el rectángulo, obtendrás las sílabas que forman el nombre del agua que en estado sólido tiene una densidad de 0.25 g/cm³, que cae en forma de copos blancos y livianos, constituidos por millares de cristales hexagonales de formas distintas entre sí, y que no sobrepasa el décimo de milímetro. Escribe su nombre en el espacio en blanco.

L	A	M	A	U	S
U	S	U	O	G	U
N	I	E	L	L	M
A	G	U	V	E	O
O	M	G	S	O	L

Se trata de la _____.

Aguas aciduladas

Son aguas ricas en anhídridos carbónicos, generalmente frías y de sabor agradable como el agua mineral embotellada. Ejercen una acción positiva sobre los procesos digestivos, ya que distienden el estómago, estimulan la secreción del jugo gástrico y la actividad motora del tubo digestivo. Además, poseen un efecto diurético. Son recomendadas para la gastritis provocada por insuficiencias de jugo gástrico y para los cálculos renales. Éstas deberán tomarse si el médico las receta. Si deseas conocer el otro nombre con que se conocen dichas aguas, elimina todas las X, Y y Z del recuadro y con las letras sobrantes llena los espacios en blanco.

X	A	Y	R	Y	Z
Y	Z	X	Y	Z	Y
X	Z	O	Y	X	N
I	X	Z	X	Z	Y
Z	Y	A	Z	S	Z

Se trata de aguas | C | | | B | | | | C | | |

Agua nada ligera

Si eliminas las letras que aparecen tres o más veces dentro del recuadro, encontrarás las sílabas que forman el nombre de un tipo especial de agua constituida por dos átomos de un hidrógeno más pesado con otro de oxígeno. Dicha agua se utiliza en los reactores nucleares. Esta agua se conoce con el nombre de

_____.

O	B	I	C	H	O
P	E	H	K	B	K
K	U	S	A	J	U
F	H	J	I	D	A
C	J	F	K	I	F
I	B	O	U	C	O

Esta agua se utiliza en los reactores nucleares.

79

Agua resistente

A la salida del laberinto encontrarás el nombre del agua que contiene sales de calcio, magnesio y yodo en solución. Las sales más comunes en solución son la de sulfato de calcio y las de bicarbonato de calcio.

La presencia de esta última es la que hace obvia la dureza del agua cuando la hervimos en un recipiente o jarrito de té. La sal disuelta, bicarbonato de calcio, se descompone en carbonato de calcio, el cual es el polvito blanco (sarro) que se deposita en los costados de los trastos y en las llaves de agua. Cabe decir que es difícil producir espuma de jabón en este tipo de agua.

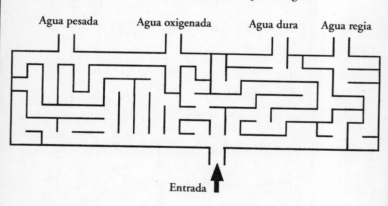

Agua pesada   Agua oxigenada   Agua dura   Agua regia

Entrada

Se trata del agua _____.

Agua oxigenada

A la salida del laberinto encontrarás la fórmula, propuesta por los químicos, del líquido incoloro, aunque azulino en capas gruesas, que se disuelve en agua común en cualquier proporción. Sus soluciones diluidas tienen sabor metálico y las concentradas producen ulceraciones en la piel. Se emplea como antiséptico en heridas.

H_2O $\qquad$ H_2O_3 $\qquad$ HO_2 $\qquad$ H_2O_2

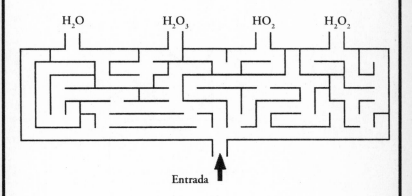

Entrada

La fórmula del agua oxigenada es _____.

Peróxido de hidrógeno

Si colocas las letras en las casillas, siguiendo las líneas que las unen, encontrarás el nombre del agua que se utiliza como antiséptico y en la decoloración de sedas, algodón, lana y fibras artificiales. Mezclada con combustibles se usa como fuente de oxígeno en la propulsión de cohetes, torpedos y otros artefactos de guerra. Esta agua es conocida también como peróxido de hidrógeno.

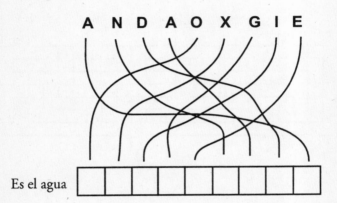

A N D A O X G I E

Es el agua

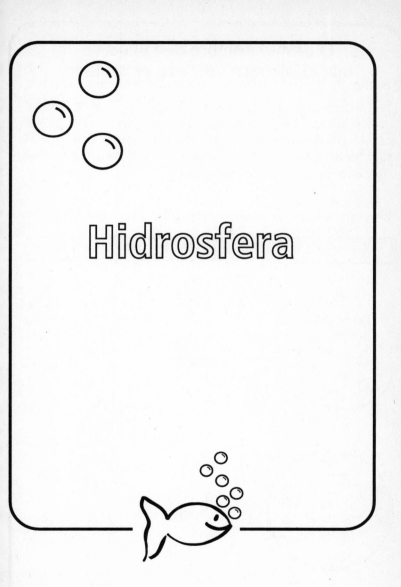

Hidrosfera

El primer hombre que observó que el planeta Tierra se ve azulado

Para obtener el nombre del primer astronauta que pudo observar al planeta Tierra desde el espacio exterior como una esfera cubierta de mares y océanos, hielos, ríos y lagos; azulada precisamente por el vapor de agua de su envoltura gaseosa, deberás colocar las letras del círculo en forma correcta en los recuadros.

El nombre de este astronauta estadounidense es:

		I	L

M	S	T		N

Letras clave:

N E
R
A
O G

El planeta Tierra se ve de color azul desde el espacio exterior.

84

Hidrosfera

Si colocas las letras en las casillas, siguiendo las líneas que las unen, obtendrás el nombre que recibe el conjunto de aguas que cubren las dos terceras partes de la superficie de la Tierra, nuestro planeta. A diferencia de las masas continentales, los mares libres se intercomunican entre sí, especialmente en el hemisferio sur, formado casi en su totalidad por agua.

Se trata de la:

I D H O R F E S R A

El hemisferio sur tiene más agua que el hemisferio norte.

85

Divisiones de la hidrología

La **hidrología**, de acuerdo con la definición de la Organización de las Naciones Unidas para la Ciencia y la Cultura (UNESCO), es: "El estudio del agua existente en la Tierra, de su comportamiento dentro del ciclo hidrológico y de su relación con el medio natural."

Si en los espacios en blanco de la columna izquierda colocas las vocales correctas, obtendrás los nombres de las divisiones de la hidrología; en la columna de la derecha se indica el área que estudian.

Partes de la hidrología	Definición
_ C _ A N _ G R _ F _ _	Ciencia que estudia los mares.
L _ M N _ L _ G _ _	Ciencia que estudia los lagos.
POTAM _ L _ G _ _	Ciencia que estudia los ríos.
G L _ C _ O L _ G _ _	Ciencia que estudia los glaciares.
H _ D R _ G E _ L O G _ _	Ciencia que estudia las aguas subterráneas.
H _ D R _ M _ TE _ R _ L _ G _ _	Ciencia que estudia las aguas atmosféricas.

Si tienes dificultades para identificar las partes de la hidrología, consulta un diccionario.

Recursos acuáticos

De acuerdo con los cálculos de los científicos, se estima que el volumen de agua en nuestro planeta es de unos 1 460 millones de kilómetros cúbicos. Dicho volumen está distribuido en océanos, glaciares, lagos, vapor atmosférico, etcétera. Si quieres conocer cómo está distribuida el agua en la Tierra, une mediante líneas la columna de la izquierda con la de la derecha cuando tengan la misma figura. Una vez que hayas terminado, responde las preguntas.

Región		Volumen de agua (km³)
Océanos y mares	⓪	⊗ 750 000
Corteza terrestre	⊖	⓪ 1 370 000 000
Lagos	⊗	⊖ 60 000 000
Ríos	☐	⊡ 14 000
Humedad del suelo	△	△ 65 000
Vapor atmosférico	⊡	☐ 1 000
Glaciares	✚	✚ 29 170 000

1. ¿Qué región contiene la mayor cantidad de agua?
   _____

2. ¿Qué región de la Tierra contiene 65 000 km³ de agua?
   _____

3. ¿Qué volumen de agua contienen en total los lagos y los ríos?
   _____

87

¿Cómo está distribuida el agua en el planeta Tierra?

En nuestro planeta Tierra, el agua se encuentra distribuida de la siguiente manera:

Agua salada. Es el agua que se encuentra en los océanos.

Agua dulce. Es el agua que se encuentra en lagos, ríos, aguas subterráneas, glaciares y nubes.

Si quieres tener una idea de la proporción en que se encuentran distribuidas dichas aguas, pinta de color azul la sección punteada del interior de la botella, cuyo contenido representa el total del agua dulce o potable en la Tierra, y de color rojo la sección que no está punteada y que se encuentra debajo de la anterior, la cual representa el agua salada.

agua dulce

agua salada

¡Qué poquita agua dulce hay en el planeta Tierra!

¿Cómo está distribuida el agua dulce?

El agua dulce es la que puede convertirse en agua potable; es decir, en agua que se puede beber. Por esta razón es importante conocer cómo está distribuida en el planeta Tierra.

   Los científicos han estimado esta distribución y han encontrado que la mayor parte del agua dulce se halla en forma sólida en los casquetes polares, o sea, en los polos y en los glaciares. Con el propósito de que tengas una idea más precisa de cómo se distribuye el agua dulce en la Tierra, ilumina de azul las secciones punteadas de cada vaso, ya que éstas representan la cantidad de agua que se encuentra en dicha región respecto al total de agua dulce.

El ciclo del agua

Bajo el efecto del sol, el agua de ríos, lagos y mares se evapora; es decir, pasa del estado líquido al estado gaseoso, y asciende, invisible, a la atmósfera. Cada día se evaporan aproximadamente 1 000 kilómetros cúbicos de agua.

Mezclado con el aire, el vapor de agua invisible es empujado por los vientos alrededor de la Tierra.

Al evaporarse, almacena calor y, tarde o temprano, bajo la acción del frío que reina en las alturas, este vapor se condensa, es decir, pasa del estado gaseoso al estado líquido. Por ello, el agua libera su calor y se hace visible. Al principio las gotitas son microscópicas; después se juntan formando nubes o niebla y pasan a formar gotas más gruesas, cuyo peso acaba por hacerlas caer. Entonces llueve y regresan al mar, a los lagos y a los ríos.

La humedad y la altura

Aunque la cantidad de agua en la atmósfera es pequeña, desempeña un papel importante en el clima y en la distribución de agua en la Tierra.

La cantidad de vapor depende de:

1. La evaporación en el lugar.
2. Los desplazamientos horizontales de éste.
3. La temperatura.
4. La altura.

La humedad (vapor) del aire varía con la altitud. Si quieres conocer cómo varía la humedad con la altura (respecto al nivel del mar), relaciona las dos columnas trazando una línea que una las figuras iguales.

Altitud (metros)	
0	+
1 000	√
2 000	→
3 000	＼
4 000	O
5 000	x
6 000	∞
8 000	←

Humedad (%)	
∞	5
O	20
→	40
√	60
x	10
+	80
←	0
＼	30

Responde las siguientes preguntas:

¿A qué altura de la superficie terrestre la humedad es del 40%?

_____

¿Qué porcentaje de humedad existe a 1 000 m de altura?

_____

¿Aumenta o disminuye la humedad con la altura?

_____

Escape del agua

Es un fenómeno que se presenta en cualquier superficie húmeda y en las superficies de agua que están en contacto con aire no saturado de vapor. En cualquier época del año y en cualquier lugar este fenómeno depende de la altitud, naturaleza de la superficie del suelo, temperatura y movimientos de los vientos.

Si deseas identificar el nombre de este fenómeno, coloca en las casillas en blanco las vocales E, A, E, I y O en el orden adecuado.

Se trata de la:

	V		P		R		C			N

La precipitación

La lluvia se deriva del vapor atmosférico, el cual proviene de la evaporación del agua de ríos, lagos, pantanos, océanos, del suelo húmedo y de la transpiración de las plantas. Los océanos, que cubren las tres cuartas partes de la superficie de la Tierra, constituyen la fuente principal de la humedad atmosférica que posteriormente da lugar a la precipitación.

Si deseas conocer el porcentaje promedio del total de la lluvia que probablemente se evaporará de nuevo para reunirse con el vapor del océano, y así formar de nuevo una fuente para la precipitación, busca la salida del siguiente laberinto.

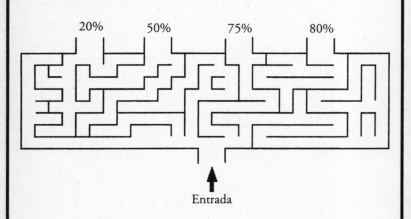

Entrada

94

¿Qué pasa con la lluvia?

Si quieres saber qué le puede suceder al agua de la lluvia, selecciona las palabras adecuadas de la clave y colócalas en los espacios en blanco que aparecen en el siguiente texto:

1. Poco después de tocar el (1) _____ se (2) _____.

2. Es interceptada por la (3) _____ y luego se (2) _____ por las (4)_____.

3. Se (5) _____ y pasa a formar parte de la (6) _____.

4. Pasa a formar parte de los (7) _____, lagos o del (8) _____.

Clave

1. piso
2. evapora
3. vegetación
4. vojas

5. infiltra
6. humedad
7. ríos
8. mar

El agua en la atmósfera

El agua de los océanos, lagunas y ríos se incorpora a la atmósfera en forma de vapor gracias a la evaporación. La mayor parte del agua que hay en la atmósfera se encuentra en forma de vapor; en menor proporción, hay gotitas de agua en las nubes y en la precipitación pluvial (lluvias). En estado sólido, el agua en la atmósfera se encuentra en forma de nieve o granizo.

Si toda el agua contenida en la atmósfera se precipitara sobre la superficie terrestre, formaría una capa que la cubriría. Si quieres conocer el espesor de esta capa, elimina los números que aparecen dos o más veces en el siguiente recuadro y escribe los restantes en el orden en que aparecen en el espacio en blanco.

7	1	7	6	4
8	3	2	5	4
6	1	9	9	6
1	3	4	3	8

El espesor de la capa de agua sería de _____ milímetros.

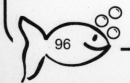

¿Cómo construir un pluviómetro?

El **pluviómetro** es un instrumento que sirve para medir la cantidad de agua precipitada por la atmósfera (lluvia) en un lugar determinado. Tú puedes construir tu propio pluviómetro.

Necesitas:

Una botella de plástico transparente.
Una regla.
Cinta adhesiva.
Tijeras.

Cómo hacerlo:

Corta la parte superior de la botella y colócala invertida en la parte inferior, a modo de embudo; con cinta adhesiva sujeta la regla a la botella, como se ilustra en la siguiente figura.

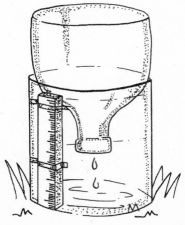

Pluviómetro casero.

Coloca tu pluviómetro en un lugar abierto, en la zona donde desees medir el agua precipitada por la lluvia. Evita colocarlo debajo de los árboles, porque pueden caer gotas de agua de éstos. Asegúralo en el suelo y resguárdalo del viento, para que éste no lo pueda derribar ni seque las gotas de lluvia del embudo.

Registra la cantidad de agua recibida en el pluviómetro, anota la lectura obtenida en milímetros; después de haber completado el registro, vacía la botella. Haz un registro de la cantidad de lluvia durante cinco días.

Algo sobre la precipitación en México

La precipitación es más abundante, en general, del lado del Golfo de México que del lado del Océano Pacífico, pues mientras la costa del Golfo tiene en una gran extensión precipitaciones mayores a los 2 000 mm, la del Pacífico recibe más de 2 000 mm sólo en sitios aislados. Hay, sin embargo, otras zonas de lluvia abundante —mayor de 3 500 mm— en las sierras de Teziutlán y Zacapoaxtla, en el estado de Puebla; en la porción sureste de la Sierra Madre de Chiapas; en la parte de la Sierra de los Tuxtlas que se inclina hacia el Golfo de México, y en la situada en las Sierras de Ixtlán y Mixes.

La parte más seca del país es la noreste, pues hay regiones como la cercana al río Colorado donde la precipitación es bajísima. Si deseas conocer el valor de esta precipitación, realiza la siguiente operación.

$$20 + \frac{60}{2} = \underline{\hspace{3cm}} \text{ mm en un año}$$

Producción artificial de lluvia

El proceso de producción artificial de lluvia, aún en estudio, se basa fundamentalmente en la "siembra" de las capas superiores de la atmósfera con diminutos cristales de dióxido de carbono o de yoduro de plata, con el propósito de aglutinar alrededor de ellos las diminutas gotas de agua en las nubes hasta formar las gotas suficientes para que produzcan la precipitación. Hasta el momento este procedimiento es caro y de una eficacia relativa.

Si no se toman las medidas pertinentes, la acción del hombre en la alteración del proceso natural de formación de nubes puede repercutir de manera nociva, tanto en la salud de la población, en particular, como en el equilibrio ecológico, en general.

La oceanografía

El inicio de la oceanografía como ciencia se puede situar en la época de la Grecia clásica. En la actualidad se le define como la ciencia de los mares, la ciencia que estudia la estructura y función de los océanos; debido a su amplitud se le considera como un conjunto de ciencias. Si deseas conocer las distintas oceanografías, coloca en los espacios en blanco las vocales adecuadas, de manera que el nombre obtenido corresponda a la definición dada en la columna de la derecha.

OCEANOGRAFÍA
F __ S __ C __

Estudia las propiedades físicas del agua de mar y los diferentes tipos de movimiento de las aguas en los océanos.

OCEANOGRAFÍA
Q __ __ M __ C __

Estudia la composición del agua de mar, las propiedades, procesos y ciclos de sus componentes.

OCEANOGRAFÍA
B __ __ L __ G __ C __

Estudia el ecosistema marino y los recursos bióticos que lo integran.

OCEANOGRAFÍA
G __ __ L __ G __ C __

Estudia la topografía, el origen, el desarrollo y estructura de los fondos oceánicos, la formación de costas y sus recursos minerales.

El volumen de agua salada

Si colocas las letras del círculo de la izquierda en forma adecuada en las casillas en blanco de la derecha, obtendrás el nombre del área que ocupa el 70.8% de la superficie de nuestro planeta, con una profundidad media de 3 729 metros, lo que representa un volumen total de 1 370 millones de kilómetros cúbicos. El Pacífico es el más grande y el que tiene una profundidad mayor.

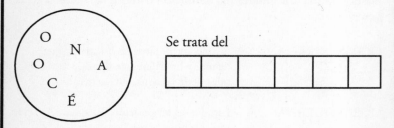

Se trata del

¡Cuánta agua existe en la Tierra!

Dimensiones de los océanos

Las aguas marítimas sólo forman tres grandes océanos: el Pacífico, el Atlántico y el Índico. Cerca de los polos, esas aguas tan frías reciben a menudo el nombre de océano Glacial Ártico y océano Ántártico.

Si quieres conocer la superficie aproximada de los océanos, une mediante líneas la columna de la izquierda con la de la derecha, cuando el océano y las áreas de los océanos tengan la misma figura. Responde las preguntas que aparecen al final.

Océano   **Superficie**

Atlántico ⊘   ⊗ 180 millones de kilómetros cuadrados.

Índico ⊙   ⊘ 106 millones de kilómetros cuadrados.

Pacífico ⊗   ⊙ 75 millones de kilómetros cuadrados.

¿Cuál océano tiene menor superficie?

_____

¿Cuál océano tiene mayor superficie?

_____

¿Cuál es la superficie del océano Pacífico?

_____

¿Cuál es la profundidad de los océanos?

La profundidad media de los océanos es de unos 3 800 m; en la plataforma continental es de hasta 200 m, a partir de cuya profundidad existe un talud que tiene su pie en el fondo abisal.

En éste existen fosas de más de 6 000 metros de profundidad. Si quieres conocer la profundidad de la fosa de Mindanao, junto a las Filipinas, coloca en las casillas los números correspondientes unidos mediante líneas.

La profundidad es

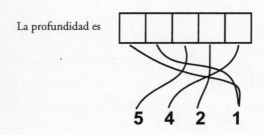

5   **4**   **2**   **1**

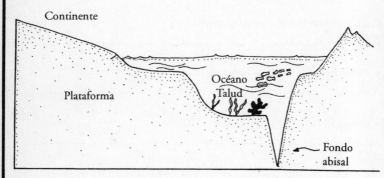

Continente

Plataforma

Océano
Talud

Fondo
abisal

¿Por qué se mueve el agua de los océanos?

Si te encuentras en la playa observarás que el mar está siempre en movimiento. A veces las olas son pequeñas, a veces grandes, pero el movimiento del mar no cesa. ¿Cuál es el origen de dicho movimiento?

Para que tengas idea del origen del movimiento del mar, vierte en una palangana agua, hasta cubrir tres cuartas partes de su capacidad. Después de unos minutos observa la superficie del agua en la palangana: ¿hay movimiento?

Ahora sopla dentro de la palangana, ¿qué observas?, ¿se forman olas?

Sopla en una dirección diferente, ¿qué observas? Si incrementas el soplido, ¿cómo es el movimiento del agua en la palangana?

En lugar de soplar, remueve el agua con tus dedos desde una esquina de la palangana, ¿qué observas?

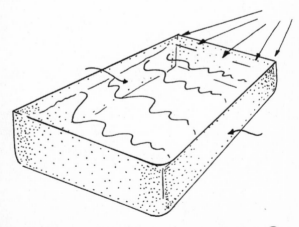

Al soplar se forman olas en el agua de la palangana.

105

Explicación:

Con el mar ocurre lo mismo que con el agua de la palangana. El viento provoca olas al levantar y empujar el agua. Una tormenta lejana provoca un oleaje que atraviesa el océano antes de rebotar en las costas. En promedio, el movimiento de las olas sólo alcanza unos diez metros de profundidad. Los peces que están en el fondo del mar no son afectados por el movimiento de la superficie.

¿Se puede inundar toda la Tierra?

Sabemos que los océanos ocupan mucho más espacio que los continentes. Así como los océanos contienen una enorme cantidad de agua, en los continentes existen montañas muy altas. Para poder cubrir dichas montañas el agua tendría que subir varios kilómetros. Se ha calculado que si el hielo que se encuentra en los polos se fundiera; es decir, se convirtiera en agua en estado líquido, el nivel del mar no subiría más de 200 metros. Se inundarían regiones enteras, pero no todos los países ni las montañas.

El hecho de que el nivel del mar no suba más se debe a que el hielo ocupa un volumen menor cuando se funde. Para comprobar esto, coloca un cubo de hielo en un vaso de vidrio y vierte agua hasta el borde del vaso (ve la figura de abajo). Deja que el cubo de hielo se funda: ¿qué le sucedió al nivel del agua en el vaso?, ¿por qué?, ¿qué conclusión obtuviste?

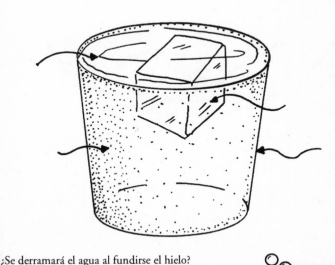

¿Se derramará el agua al fundirse el hielo?

Los océanos y sus movimientos

Cuando nos encontramos en las costas de Veracruz y vemos el mar, podemos pensar que el océano Atlántico siempre ha estado ahí. Pero esto no siempre fue así. Hace 150 millones de años, en la época de los dinosaurios, América, Asia y Europa formaban un solo continente, como las piezas de un rompecabezas (figura A).

Figura A. Hace 150 millones de años así se encontraba la Tierra.

Sin embargo, al producirse rupturas en dicho continente único, el continente americano se despegó y empezó a alejarse muy lentamente. Fue así que nació el océano Atlántico, el cual, de manera muy lenta, se hizo cada vez más grande hasta alcanzar su tamaño actual (figura B). Hoy día, sigue creciendo por año algunos centímetros.

Figura B. La separación de América de Europa produjo la aparición del océano Atlántico.

Si quieres conocer qué océano es el más grande, une convenientemente las sílabas que se encuentran en el interior de los cuadros y escribe su nombre en el espacio en blanco.

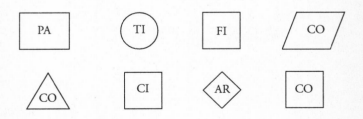

El océano más grande es el _____.

Los movimientos de agua

Es una gran masa de agua que se mueve dentro del mar como verdadero río, cuyas orillas están en reposo. Su curso y velocidad es advertido por el distinto color, sabor y temperatura de sus aguas y porque un cuerpo flotante podría seguir su rumbo.

Éstas se originan por la diferencia de densidad y peso de las aguas de mar, la fuerza centrífuga que resalta la rotación de la Tierra, los vientos y las formas de las costas. Se dividen en calientes y frías. Si deseas saber cómo se conocen dichos movimientos de agua, coloca las letras en los espacios en blanco siguiendo las líneas que las unen.

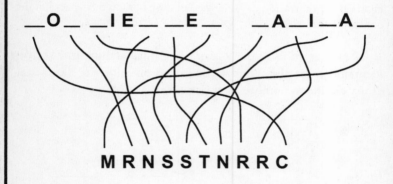

_O_ _IE_ _E_   _A_I_A_

M R N S S T N R R C

110

Las corrientes marinas

Las corrientes marinas presentan diferente temperatura y salinidad, en comparación con las masas de agua circundante entre las que se desplazan. Así, se consideran corrientes cálidas aquellas que tienen mayor temperatura que el medio y frías las que tienen una temperatura menor. Los efectos que ocasionan las corrientes marinas por su temperatura pueden clasificarse en dos categorías principales. Las corrientes cálidas aportan calor a las masas de aire de la atmósfera y favorecen los fenómenos acuosos (evaporación, condensación y precipitación), mientras que las corrientes frías los dificultan y provocan procesos de desertificación en las regiones costeras.

Si deseas conocer qué es lo que transportan las corrientes marinas y qué da lugar al desarrollo de la vida marina, coloca en los espacios las letras de acuerdo con la clave del recuadro.

$$\underbrace{\rule{6mm}{0.4pt}}_{1} \; \underbrace{\rule{6mm}{0.4pt}}_{2} \; \underbrace{\rule{6mm}{0.4pt}}_{3} \; \underbrace{\rule{6mm}{0.4pt}}_{4} \; \underbrace{\rule{6mm}{0.4pt}}_{5} \; \underbrace{\rule{6mm}{0.4pt}}_{6} \; \underbrace{\rule{6mm}{0.4pt}}_{1} \; \underbrace{\rule{6mm}{0.4pt}}_{3} \; \underbrace{\rule{6mm}{0.4pt}}_{6} \; \underbrace{\rule{6mm}{0.4pt}}_{7} \;\; Y \;\; \underbrace{\rule{6mm}{0.4pt}}_{8} \; \underbrace{\rule{6mm}{0.4pt}}_{9} \; \underbrace{\rule{6mm}{0.4pt}}_{10} \; \underbrace{\rule{6mm}{0.4pt}}_{1} \; \underbrace{\rule{6mm}{0.4pt}}_{11} \; \underbrace{\rule{6mm}{0.4pt}}_{3} \; \underbrace{\rule{6mm}{0.4pt}}_{12} \; \underbrace{\rule{6mm}{0.4pt}}_{1}$$

Clave:					
1-N	3-T	5-I	7-S	9-L	11-C
2-U	4-R	6-E	8-P	10-A	12-O

Constituyentes del agua de mar

El sabor salado del agua de mar se debe a las sustancias que se encuentran disueltas en ella. Si quieres conocer las principales sustancias disueltas en un kilogramo de agua de mar, coloca en la columna de la izquierda el nombre de la sustancia que corresponda al peso mencionado de agua de mar. Para esto, busca en la clave el nombre cuyo número de letras coincida con el número de casillas y la letra que aparece en ellas.

Sustancia	masa (gramos)
1. R	18.980
2. D	10.556
3. L	2.649
4. I	1.272
5. A	0.400
6. P	0.380
7. A	0.140
8. M	0.066
9. C ■ I	0.026
10. T	0.013
11. R	0.001
12. U	965.518
TOTAL	1 000.00

¡Cuántas sustancias contiene!

¿Qué sustancia es la que más contiene agua de mar?

_____

Clave

Sodio, Bromo, Cloro, Sulfatos, Magnesio, Calcio, Potasio, Ácido bórico, Flúor, Agua, Estroncio, Bicarbonatos.

112

¿De dónde proviene la sal?

La sal que se le pone a algunos alimentos proviene la mayoría de las veces del mar. Para obtenerla se llenan unos grandes estanques con agua de mar. Bajo la acción de los rayos solares, el agua se evapora poco a poco y queda en el fondo la sal. Esta sal hay que lavarla y refinarla para el consumo humano. Tú puedes preparar agua salada como la del mar.

Cómo proceder:

Vierte en un vaso con agua dos cucharadas de sal de cocina; agita el agua con una cuchara hasta que se disuelva completamente la sal (figura A).

Figura A. Prepara agua como la del mar, al agregarle sal al agua potable.

Una vez que lo hayas hecho, puedes recuperar la sal disuelta en el agua. Para lograrlo, en un plato vierte un poco de agua salada.

Procura que la profundidad del agua salada sea aproximadamente de un centímetro. Coloca dicho plato en un lugar donde reciba los rayos solares, tal como se ilustra en la figura B. Observa lo que le sucede al agua al transcurrir el tiempo (al paso de varios días).

¿Qué sustancia queda en el fondo del plato al haberse evaporado el agua?

_____

Prueba un poco de esa sustancia, ¿a qué te sabe?

_____

¿Qué concluyes de este experimento?

_____

_____

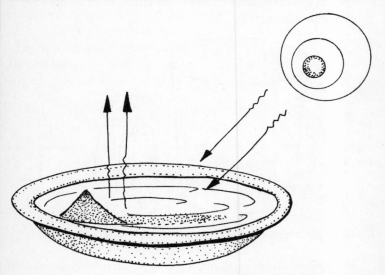

Figura B. El agua se evapora por la acción de los rayos solares, dejando la sal en el fondo del plato.

Un mar en el que no te puedes ahogar

Tú te preguntarás que si no sabes nadar cómo es que no te ahogues si no tienes salvavidas. Pues bien, existe un mar cuyas aguas son extraordinariamente saladas, hasta tal punto que en él no puede existir ningún ser vivo. El clima seco y caluroso de Palestina hace que se produzca una evaporación muy intensa en la superficie del mar, y sin embargo se evapora el agua pura, mientras que la sal se queda en el mar y va aumentando la salinidad de sus aguas, lo que hace que una cuarta parte del contenido de este mar esté formado por la sal que hay disuelta en el agua. La cantidad total de sal que hay en dicho mar se calcula en más de 40 millones de toneladas.

La salinidad hace que dichas aguas sean **m**ucho más pesadas que el ag**u**a de mar ordinaria. Hundi**r**se en esta agua es imposible, debido a su densidad, mucho mayor que la del cuerpo hu**m**ano y a la ley de flotación, la cual dice que si un c**u**erpo se coloca en un líquido cuya **d**ensidad sea mayor que la del cue**r**po, éste flota en la superficie. Si deseas conocer el nombre de **t**an preculiar mar, une las letras más oscuras que aparecen en este párraf**o** y colócalas en los espacios en blanco.

Se trata del

El nivel del mar

El nivel promedio del mar se ha incrementado en los últimos 80 años. Si quieres conocer cuántos milímetros se eleva anualmente el nivel del mar, elimina los números que aparecen dos o más veces en el siguiente recuadro y registra los números en el orden que aparecen en el espacio en blanco.

4	5	7	7
3	1	2	4
5	3	5	3

El nivel del mar se eleva cada año _____ milímetros.

Esto significa que alrededor de 430 km³ de reservas acuáticas de la Tierra están pasando al mar cada año.

¿Qué es un iceberg?

Es un bloque de hielo de grandes dimensiones que se desprende de la zona costera de un glaciar polar, el cual es empujado por las corrientes marinas y por el viento. Estos enormes bloques flotan en el mar.

La longevidad del iceberg puede ser grande si permanece cerca de los polos, pero en general al ser arrastrado a aguas menos frías se puede fundir en días o semanas.

La mayor parte de un iceberg se encuentra sumergida, sólo sobresale aproximadamente una décima parte de su volumen (figura A).

Figura A. La mayor parte de un iceberg se encuentra sumergida.

Para constatar que la mayor parte de un iceberg se encuentra sumergida en el agua, vacía agua en un vaso de vidrio hasta la mitad de su volumen. En seguida, vierte un cubo de hielo en el agua (figura B).

¿Qué observas? ¿Se hunde o flota el hielo?

_____

_____

Si flota, cuánto volumen del hielo emerge con respecto al volumen que permanece sumergido.

Figura B. Coloca el cubo de hielo en el agua del vaso: ¿flota o se hunde?

Dimensiones de los icebergs

Los icebergs de grandes dimensiones tienen formas tubulares y pueden medir centenares de metros de espesor y hasta cien kilómetros de longitud. A veces duran años enteros antes de fundirse por completo. Los icebergs del Ártico provienen sobre todo de los glaciares y sus dimensiones no suelen pasar de 120 m de altura y 600 m de largo.

Si quieres conocer de qué costas se desprenden los mayores icebergs, coloca las vocales del círculo de manera conveniente en las casillas en blanco.

Costas de la

	N	T		R	T		D	

Letras clave

A
A
A
I

La fauna de los mares

Las zonas en que viven los animales marinos, de acuerdo con su diferente profundidad, presión, densidad, salinidad y temperatura, se clasifican en tres grupos representativos. Si deseas conocer los nombres y características de la fauna marina, coloca en los espacios en blanco las vocales adecuadas de manera que el nombre obtenido corresponda a las características de la columna de la derecha.

FAUNA DEL
L __ T O R __ L

Comprende a los animales que viven en las aguas que cubren la plataforma continental. Ejemplos: focas, sardinas, medusa y salmón.

FAUNA
P E L Á G __ C __

Pertenecen a esta fauna los animales que viven en alta mar; es decir, lejos de las tierras firmes. Ejemplos: ballenas, delfines y pulpos.

FAUNA
__ B I S __ L

Está formada por los animales que viven en las grandes profundidades de los océanos, mayores de 3 000 m, donde la oscuridad es absoluta, la presión aplastante y el frío congelador. Ejemplos: pez pescador, pez demonio y medusa abisal.

¿Los animales marinos pueden respirar en el mar?

Cuando te encuentras en una alberca y te sumerges completamente, no puedes permanecer mucho tiempo con la cabeza bajo el agua. Te falta oxígeno; es decir, no puedes respirar en el agua.

Así como tú, existen animales marinos, como las ballenas, los delfines y las tortugas, que no pueden vivir permanentemente en el interior del mar, ya que deben salir a menudo a la superficie para poder respirar el aire que necesitan.

Sin embargo, existen otros animales marinos, como los peces, que si son sacados del mar no pueden respirar y se mueren. Esto se debe a que no tienen pulmones sino branquias, las cuales les permiten tomar del agua el oxígeno que necesitan.

Coloca en las casillas las letras adecuadas que aparecen en el interior del cuadro para que identifiques a dos animales que viven en el mar y necesitan respirar aire.

1. | | A | C | | A | | O | | E |

2. | | O | | A | |

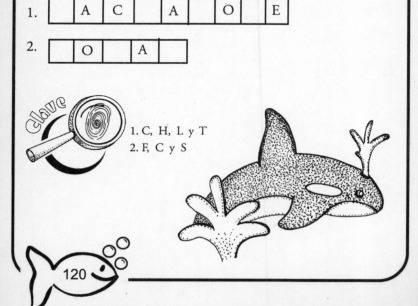

Clave

1. C, H, L y T
2. F, C y S

120

Recursos minerales de los océanos

El agua de mar contiene alrededor de 70 elementos químicos en solución. Desde la antigüedad se obtenía cloruro de sodio y en nuestros días, además del aprovechamiento de la sal común, se obtiene sodio, cloro, magnesio y las dos terceras partes del bromo que se consume en el mundo.

En el fondo de los mares existen innumerables depósitos de recursos minerales, como gas, petróleo, azufre y potasa, los cuales pueden ser extraídos por medio de perforaciones. La explotación del petróleo de esta forma comenzó en 1930 en el Golfo de Maracaibo y se ha extendido desde entonces a casi todos los países con mares.

De depósitos no consolidados (arenas) se extraen: diamantes en Sudáfrica; oro en Alaska; hierro en Japón, y estaño en Indonesia y Gran Bretaña. Además, la arena misma se emplea como material de construcción y para innumerables fines industriales.

El mar es una fuente de riqueza

Depósitos de agua

Se trata de depósitos de agua dulce o salada que se formaron en las depresiones y partes hundidas de la litosfera; no están comunicados con el mar y sus extensiones son variables. Al ser alimentados por un río o algún manantial, están condenados a desaparecer. La gran Tenochtitlan, la actual ciudad de México, se construyó sobre uno de estos depósitos.

Si deseas conocer el nombre de estos depósitos, coloca en los espacios en blanco, en orden conveniente, las letras que aparecen en el recuadro.

Se trata de los   ☐ ☐ ☐ ☐ ☐

Clave:
G   S   O
A   L

En el siguiente recuadro dibuja uno de estos depósitos de agua.

Tipos de lagos

Las poblaciones cercanas a los lagos gozan de un buen clima y de bellezas naturales, por lo que se han convertido en centros turísticos.

La mayoría de los lagos son de origen glaciar, tectónico o volcánico. Para que conozcas sus características identifica las letras faltantes en los espacios de la izquierda, de acuerdo con la descripción que aparece en la derecha.

LAGOS DE ORIGEN

				I		

Sus depresiones fueron ahondadas por los hielos de un glaciar que al fundirse los llenaron. Los lagos Superior, Michigan y Ontario son ejemplos de este tipo.

LAGOS DE ORIGEN

						I		

Se formaron en depresiones causadas por fracturas o fallas de la corteza terrestre. Se alimentan con las corrientes de agua de los alrededores. Lagos de Chapala, Pátzcuaro, Cuitzeo y Yuriria son ejemplos.

LAGOS DE ORIGEN

		C					

Se encuentran en las depresiones formadas por la lava o en los cráteres de los volcanes inactivos. Lagos del Salado y del Nevado de Toluca son ejemplos.

Erosión por la acción del agua

El relieve terrestre se modifica constantemente por la acción de las aguas, a lo cual se añade el trabajo de los vientos, de la temperatura, de las fuerzas internas de la Tierra. Esta tarea destructora se denomina erosión. Si en los espacios en blanco de la izquierda colocas las vocales correctas, obtendrás la palabra que corresponde al tipo de erosión que se describe en la columna de la derecha.

FL__ VI__L   Erosión producida por los ríos.

M__RIN__   Erosión que proviene del mar.

GL__C__ __L   Erosión que tiene su origen en el trabajo del hielo.

E__L__CA   Erosión producida por el viento.

Los ríos

Son corrientes que desembocan en otra, en el mar o en algún lado. El curso total de un río se prolonga desde el lugar donde nace hasta su desembocadura. Si deseas conocer el origen de los ríos, coloca en los espacios en blanco las vocales adecuadas, de manera que el nombre obtenido corresponda a las características de la columna derecha.

ORIGEN DE LOS RÍOS	CARACTERÍSTICAS
PL __ V __ L	El agua proviene de las lluvias.
GL __ C __ __ L	El agua proviene del deshielo, de los glaciares de las regiones polares o de las zonas montañosas altas.
N__ __ V __	El agua proviene de la fusión del hielo de las regiones poco elevadas.
M__N__NT__ __ L	El agua proviene de las corrientes subterráneas, cuando éstas por alguna causa vuelven a la superficie.
M__XT__	Son ríos que se alimentan con aguas de dos orígenes.

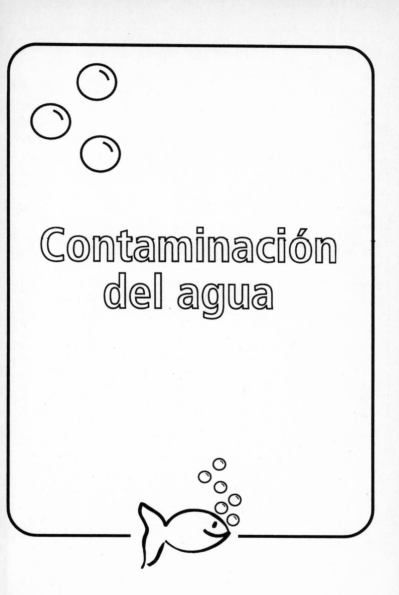

Contaminación del agua

Calidad del agua

La calidad del agua que existe en la naturaleza es muy variable y depende fundamentalmente de las condiciones geográficas, geológicas y climáticas; de la oportunidad que tenga para disolver gases, sustancias minerales y orgánicas, o para mantenerlas en suspensión o en estado coloidal; de su temperatura y flora microbiana, y de la contaminación producida por las actividades propias de la comunidad.

Si deseas conocer los tipos de agua en función de su calidad, coloca las vocales en el orden conveniente en los espacios en blanco.

I.	P __ T __ BL __	Es un agua libre de contaminación.
II.	S __ C __ __ __	Es un agua con alteraciones físicas por sustancias que producen turbiedad, color y olor.
III.	C __ NT __ M __ N __ D __	Es una agua que contiene microorganismos patógenos.

La contaminación del agua

El agua contaminada ya no sirve para la alimentación ni para otros usos, como los domésticos, los industriales o los agrícolas. Con el gran crecimiento poblacional y la industrialización de muchos países, la contaminación del agua de los ríos, lagos, mares y depósitos subterráneos aumenta constantemente.

Si deseas saber el nombre con que se conocen las sustancias, humos, polvos, gases, cenizas y bacterias que ensucian y envenenan el agua, coloca en los espacios las letras de acuerdo con la clave que se ofrece en el cuadro.

Estas sustancias son los:

—— —— —— —— —— —— —— —— —— —— —— —— ——
 1   2   3   4   5   6   7   3   5   3   4   8   9

Clave:	
1-C	6-M
2-O	7-I
3-N	8-E
4-T	9-S
5-A	

129

Fuentes de contaminación

Las fuentes de contaminación del agua se pueden clasificar en tres grupos. Identifica primero los nombres que corresponden a la descripción que se da de cada fuente de contaminación y, a continuación, localiza dichos nombres en el cuadro; recuerda que las palabras pueden aparecer en forma horizontal o vertical.

1. Es la fuente principal de contaminación y la más difícil de controlar; incluye los desechos de materia fecal, detergentes y comida de cada casa.

		B			

2. Los desechos de aguas industriales que pueden ser arrojados a un sistema urbano de drenaje o directamente a un cuerpo de agua deben ser controlados por cada empresa. Aun así, su falta de interés por la conservación del medio ha dado como resultado que una gran cantidad de los más variados contaminantes se arrojen diariamente a los mantos acuíferos del planeta.

   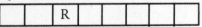

		D								

3. Esta fuente de contaminación incluye fertilizantes, pesticidas y herbicidas químicos, materia orgánica y desechos animales. Además se encuentra en rápido crecimiento.

		R				

A	B	O	S	U	R	B	A	N	A	S	O
O	L	A	G	R	I	C	O	L	A	M	P
I	N	S	T	R	M	O	S	B	V	I	Q
H	I	N	D	U	S	T	R	I	A	L	R
L	O	M	A	S	D	E	L	S	O	U	M

130

Principal fuente de contaminación del agua

El agua, en su estado puro, es el más preciado regalo que la naturaleza ha ofrecido a todos los seres vivos; sin ella no hay vida. Ésta permaneció inmune por millones de años, hasta el advenimiento del hombre y la civilización. Durante milenios, las condiciones meteorológicas naturales han sido suficientes para purificar el agua accidentalmente contaminada. Sin embargo, el avance indiscriminado de la civilización ha venido gravitando tan pesadamente en los mecanismos naturales de depuración que ha evitado que éstos funcionen adecuadamente, lo cual ha llegado a tener consecuencias catastróficas e irreversibles.

En México, la contaminación del agua se debe principalmente al proceso de crecimiento de la industria y al poco control de los residuos, por los limitados recursos técnicos y económicos disponibles. Para conocer los porcentajes en que la industria y la población contaminan el agua, sigue la línea que une las dos columnas y coloca en el espacio correspondiente el porcentaje encontrado.

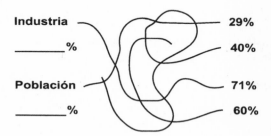

Gas disuelto en el agua

El agua contiene disuelto este elemento, el cual toma del aire y, junto con ciertas bacterias, degrada la materia orgánica; por eso muchos ríos, aunque tengan sus aguas sucias al salir de las poblaciones, se limpian varios kilómetros adelante; lo mismo ocurre en el mar y en los lagos.

Cuando este elemento falta en las aguas —porque se agota al degradar excesos de materia orgánica o porque las capas de petróleo, aceite y espumas de detergente que flotan sobre la superficie de ríos, lagos y mares impiden su penetración—, éstas se vuelven sucias e infectas, de manera que sus plantas acuáticas, que reponían dicho gas para el aire y para los peces que lo aprovechaban para su sobrevivencia, se mueren. Si deseas conocer el nombre de este elemento, identifícalo y colócalo en el espacio en blanco, ya que es la única palabra que consta de siete letras de las que aparecen en el cuadro.

Hidrógeno   Calcio   Nitrógeno
Carbón   Sodio   Oxígeno

Esterilización del agua

Como por lo general el agua disponible para el abastecimiento de las poblaciones no reúne todos los requisitos para ser bebida por el ser humano, se emplean diversos procedimientos para potabilizarla o purificarla. Uno de estos procedimientos es la esterilización, la cual tiene por objeto destruir las bacterias y gérmenes patógenos que causan enfermedades. Si deseas conocer los procedimientos que se emplean para la esterilización del agua, completa las siguientes oraciones colocando en los espacios en blanco las palabras adecuadas que se encuentran en el recuadro.

1. Por _____; es decir, haciendo
   _____ el agua.
   ₁
   ₂

2. Aplicándole productos _____, como el
   _____ y el _____.
   ₃
   ₄
   ₅

3. Por la acción del _____ o de los
   _____ ultravioleta.
   ₆
   ₇

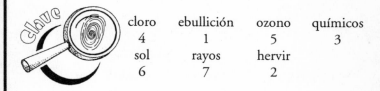

cloro	ebullición	ozono	químicos
4	1	5	3
sol	rayos	hervir	
6	7	2	

¿Es posible reciclar el agua?

El agua contaminada de la zona metropolitana de la ciudad de México casi no se recicla, sino que se va por el drenaje principal directamente al río Tula, para desembocar en la ciudad de Tampico. Si quieres conocer el porcentaje de agua que se recicla en cada una de las ciudades que aparecen en la columna de la izquierda, sigue la trayectoria de las líneas hasta los números de la columna de la derecha.

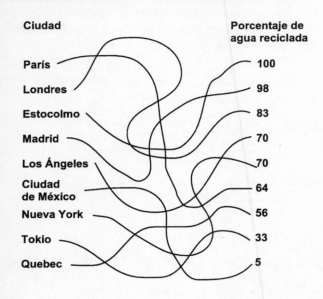

Ciudad	Porcentaje de agua reciclada
París	100
Londres	98
Estocolmo	83
Madrid	70
Los Ángeles	70
Ciudad de México	64
Nueva York	56
Tokio	33
Quebec	5

¿Qué lugar ocupa la ciudad de México en el reciclaje del agua?

_____

¿Qué ciudad recicla el 100% de su agua?

_____

134

Metales peligrosos

La contaminación del agua por productos químicos es muy peligrosa. Hace varios años, el derivado de un metal proveniente de una industria intoxicó los mariscos y peces de una bahía japonesa. Las personas que los comieron fallecieron en pocos días o adquirieron enfermedades nerviosas incurables. De la misma manera, las sales de cadmio han causado enfermedades graves, principalmente en el aparato digestivo. Si deseas conocer el nombre de este elemento, coloca en las casillas en blanco las letras siguiendo las líneas que las unen.

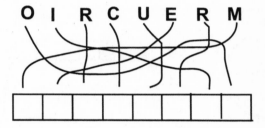

¿Qué tan pura es el agua embotellada?

Ante la creciente contaminación del agua, en nuestro país se ha incrementado el número de embotelladoras de agua potable y la importación de agua embotellada. En general, estas aguas suelen ser muy limpias. En un concurso mundial sobre aguas embotelladas el agua del manantial de Toxido, Hidalgo, quedó en segundo lugar; el primer lugar le correspondió a una agua mineral francesa.

Si quieres conocer el nombre de la empresa francesa que tuvo que retirar en febrero de 1990 del mercado mundial todo su inventario de agua mineral, por estar contaminada con una mínima cantidad de benceno, escribe las letras del círculo en orden conveniente en los espacios en blanco.

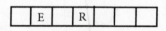

	E		R			

O sea, que el agua embotellada puede estar contaminada (probabilidad baja).

¡Aunque la probabilidad es baja, puede estar contaminada!

¿El agua es un recurso no renovable?

De acuerdo con cálculos numéricos, África recibe el 12% del agua distribuida por el ciclo hídrico natural, mientras que Estados Unidos recibe más del 33%.

Pero la irracionalidad de la administración humana del agua es aún más inquietante que la distribución natural. Mientras el agua falta para el consumo básico a 70% de la humanidad, la industria utiliza anualmente unos 200 mil millones de metros cúbicos de agua al año, de los cuales 160 millones terminan contaminados en mayor o menor medida. Y cabe destacar que las aguas residuales contaminadas de la industria contaminan a su vez, en promedio, 25 veces su propio volumen. El problema es grave: la contaminación está convirtiendo el agua en un recurso natural no renovable.

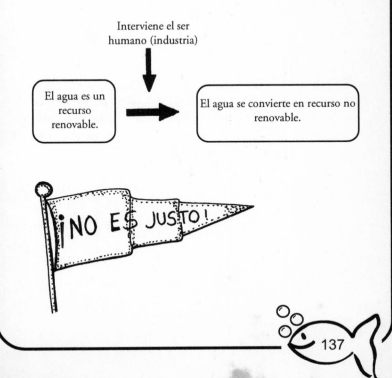

Interviene el ser humano (industria)

El agua es un recurso renovable. → El agua se convierte en recurso no renovable.

¡NO ES JUSTO!

¿Cómo hacer un destilador solar?

En esta actividad elaborarás un destilador solar.

Necesitas:

Un cristalizador o un recipiente grande.

Un recipiente pequeño.

Plástico, de preferencia transparente (el que se emplea para envolver la comida).

Una moneda.

Cinta adhesiva.

Agua salada.

Cómo proceder:

Vierte 15 cm³ de agua salada en el recipiente grande y coloca el recipiente pequeño en el centro del recipiente grande. Cubre la abertura del recipiente grande con el plástico sujetándolo a los lados con la cinta adhesiva y coloca la moneda en el centro del plástico como se muestra en la siguiente figura.

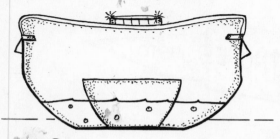

Destilador solar casero.

Coloca el destilador en un lugar en el que reciba los rayos solares y observa lo que sucede.

Explicación:

Bajo la acción de los rayos solares, el agua se convierte en vapor y, luego, al estar en contacto con el plástico, se condensa (se convierte en líquido) a medida que se enfría dicho plástico. El agua así purificada (ya sin sal) correrá por el interior del plástico y caerá en el recipiente más pequeño. Si quieres acelerar la condensación del agua en el plástico, puedes verter un poco de agua fría sobre el plástico.

¿Qué es la lluvia ácida?

La lluvia es un fenómeno que durante muchos años era sólo eso, gotas de agua caídas del cielo. Sin embargo, en épocas recientes se han modificado las cantidades de óxidos de azufre y nitratos en la atmósfera, lo que ha dado como resultado un alto grado de acidez pluvial.

La lluvia ácida se produce mediante la reacción entre óxidos de azufre o de nitrógeno y el vapor de agua existente en la atmósfera, formando ácidos sulfúrico y nítrico. Las fuentes de óxido de azufre y de nitrógeno tienen dos orígenes: uno natural y otro donde interviene el hombre. El primero se da por la descomposición bacteriana de la materia orgánica y los gases que emanan de volcanes e incendios forestales; el segundo proviene de fábricas, refinerías de hidrocarburos, automóviles y sistemas de calefacción, entre otros.

La lluvia ácida provoca en lagos y ríos la muerte de los peces, quizá por la alteración en la composición física y química del agua y por la destrucción de las fuentes alimenticias. También provoca daños en los vegetales, la corrosión de automóviles, edificios y monumentos, y daños en la piel del ser humano. Corresponde al hombre combatirla.

¿Qué es la lluvia radiactiva?

Cuando estalla una bomba nuclear, lanza a la atmósfera toneladas de polvo radiactivo, que son arrastradas por corrientes de viento a zonas muy distantes de la explosión y que en un momento determinado pueden servir de núcleos de condensación del vapor de agua, cayendo de nuevo a la tierra en forma de lluvia radiactiva, altamente perjudicial. También puede ocurrir que este polvo se deposite directamente, cayendo en forma de "lluvia" de polvo radiactivo. Por lo mismo, el ser humano debe evitar la prueba de bombas nucleares.

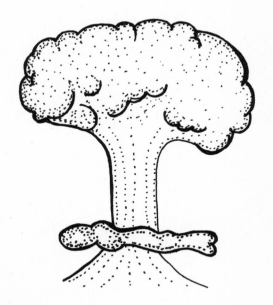

Cosas
del agua

Cultivo con agua

Si colocas las letras en las casillas, siguiendo las líneas que las unen, obtendrás el nombre de la técnica moderna que permite el cultivo de especies vegetales, el cual suministra a la planta las sustancias minerales que necesita para su crecimiento y desarrollo, disueltas en el agua. Se pueden obtener así beneficiosas cosechas en lugares estériles, donde la vida vegetal sería imposible.

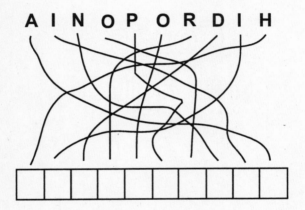

¿Por qué los granjeros colocan grandes recipientes de agua para evitar las heladas?

El que los granjeros coloquen grandes recipientes de agua se debe a que quieren disminuir los efectos de las bajas temperaturas. Para que el agua pase a estado sólido se le debe bajar su temperatura a 0°C. Para que esto suceda, el agua debe ceder calor al medio ambiente, pero para que el agua se solidifique a dicha temperatura, debe desprender una gran cantidad de calor (80 calorías por gramo), con lo que se disminuyen los efectos de las heladas en el área en que se colocan estos recipientes con agua.

¿Cómo evitar que el agua fluya hacia abajo?

El agua fluye hacia abajo porque, igual que todas las cosas en el planeta Tierra, está sujeta a la gravedad; es decir, a la fuerza que intenta atraerlo todo hacia el centro del planeta. Sin embargo, existe un truco con el que puedes asombrar a tus amigos mostrándoles que eres capaz de detener la caída del agua.

Necesitas:

Un popote.
Un vaso.
Agua.

Cómo hacerlo:

Succiona un poco de agua por un popote y coloca rápidamente un dedo en la punta de arriba para taparlo como se muestra en la figura de abajo. Después de un rato, retira tu dedo de la parte superior del popote procurando que debajo del mismo se encuentre el vaso.

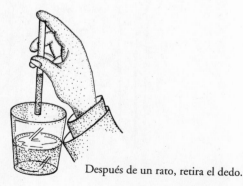

Después de un rato, retira el dedo.

¿Qué sucede?

Una vez que el agua ha ascendido por el popote, empieza a fluir hacia abajo, pero en el momento en que se coloca el dedo en la parte superior del popote el agua deja de fluir, sosteniéndose en el interior del popote debido a la presión que ejerce el aire de la atmósfera; en el momento en que se quita el dedo del extremo del popote, el agua nuevamente desciende. Los químicos y biólogos transportan pequeñas cantidades de líquidos por medio de pipetas, instrumentos muy parecidos a los popotes.

¿Por qué se emplea el agua como refrigerante en los motores de los automóviles?

Emplear el agua como refrigerante se debe a dos razones fundamentales. La primera es económica, ya que el agua es el líquido refrigerante más barato y fácil de conseguir; la segunda es de seguridad, pues el agua, al tener un elevado calor específico, permite absorber grandes cantidades de calor sin sufrir grandes variaciones de temperatura, lo que asegura que el motor no eleve demasiado su temperatura durante su funcionamiento. Un líquido de menor calor específico, utilizado como refrigerante, elevaría excesivamente su temperatura y no mantendría el motor en las condiciones óptimas para su funcionamiento.

¿Es posible levantar agua en un vaso cuya boca esté hacia abajo?

Tú puedes realizar este experimento con el que sorprenderás a tus amigos; lo único que necesitas es un vaso grande de vidrio y un recipiente con agua.

Cómo hacerlo:

Coloca el vaso debajo de la superficie del agua; asegúrate que le penetre agua e inviértelo. En seguida, levántalo lentamente, pero sin separar el borde del vaso de la superficie del agua, tal como se muestra en la figura A.

 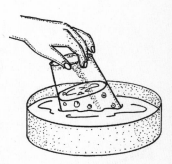

Figura A. Levanta verticalmente el vaso sin sacarlo completamente del agua.

¿Qué sucede?

Observarás que el agua permanece en el interior del vaso, pero con la boca invertida; es decir, el nivel del agua en el vaso es más alto que el del agua en el recipiente.

El hecho de que no se derrame el agua del vaso se debe a que el aire presiona la superficie del agua del recipiente y la empuja para que permanezca en el interior del vaso. Cuando se levanta el vaso sobre la superficie del agua del recipiente, el agua contenida en el interior del vaso se derrama. Para alimentar a las aves se emplea un dispositivo que se basa en la experiencia descrita. Conforme van tomando agua las aves, el nivel del agua del recipiente va descendiendo (figura B).

Figura B. Conforme el ave bebe agua, el nivel del agua en el recipiente desciende.

¿Por qué en los climas marítimos son menos bruscos los cambios de temperatura?

El que no se presenten cambios bruscos de temperatura en dichas regiones se debe a la presencia del agua de mar, la cual actúa como reguladora del clima. El elevado calor específico del agua le permite absorber grandes cantidades de calor en el día y ceder durante la noche el calor absorbido, mediante las brisas y a medida que la Tierra se enfría. Por tanto, no se generan grandes cambios de temperatura, como los que existen en los desiertos y regiones en donde no hay agua. Antes de la desaparición del lago de Texcoco y otras lagunas de la ciudad de México, la variación de temperatura era mínima, comparada con la que existe actualmente en el área metropolitana.

¿Por qué al caminar sobre la playa nos hundimos en la arena seca o totalmente anegada de agua, mientras que la arena húmeda, junto al mar, es un firme apoyo para los pies?

Esto sucede debido a una propiedad del agua llamada tensión superficial. Cuando la arena está húmeda, retiene entre sus granos cantidades minúsculas de agua. La tensión superficial aproxima los granos unos a otros y la fricción hace difícil su separación. Cuando la arena está seca no hay, naturalmente, agua entre los granos. Si está totalmente empapada hay agua entre los granos, pero no existen entre ellos superficies de agua que los "empuje" unos contra otros.

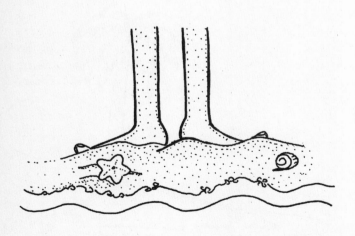

¿Cómo puedes colorear una flor?

En las plantas, el fenómeno de la capilaridad provoca el ascenso del agua de las raíces hacia el tallo, arrastrando nutrientes que alimentan a la planta. Para poder ilustrar lo anterior, realiza el siguiente experimento.

Necesitas:

Colorante vegetal.
Uno o dos recipientes con agua.
Una flor (clavel o narciso).

Cómo hacerlo:

Corta el tallo de la flor de manera que tenga una altura de 5 centímetros. Coloca unas gotas de colorante en un recipiente con agua. Deja la flor en el recipiente durante varias horas.

¿Qué sucede?

Los pétalos de la flor se tiñen del mismo color que tiene el colorante en el recipiente, debido a que el agua coloreada es absorbida por la flor al subir por los estrechos tubos que posee el tallo. Esta capilaridad es suficiente para vencer la fuerza de gravedad.

Se pudo colorear la flor gracias al fenómeno de capilaridad.

Nave marítima

Al eliminar las letras que aparecen más de una vez en el rectángulo, obtendrás las sílabas que forman el nombre de la nave diseñada para poder navegar tanto en la superficie como a cierta profundidad. Su casco es hueco y su espacio interior está dividido en numerosos compartimentos, algunos de los cuales son los tanques especiales para agua y aire. Algunas de estas naves han dado la vuelta al mundo sin emerger.

P	C	W	H	D	E	G	Y	D	L	C
T	X	F	E	Z	T	Z	F	X	V	Q
K	S	U	B	V	E	L	W	G	E	H
Q	X	V	E	M	A	Y	E	Z	P	X
K	D	W	G	T	D	R	I	C	N	O

Se trata del _____.

154

El cedazo que no deja pasar el agua

En esta actividad observarás la propiedad de la tensión superficial.

Necesitas:

Agua.
Una botella.
Un cedazo.
Hilo o liga.

Cómo hacerlo:

Llena una botella de vidrio con agua y fija un trozo de red de alambre o de tela a la boca con una liga o un hilo. Pon la mano sobre la boca, e invierte la botella. Si ahora retiras la mano rápidamente, no escapará agua por la red. Para que pueda funcionar mejor esta experiencia, la red deberá ser un cedazo cuyos espacios sean pequeñísimos.

¿Qué sucede?

La explicación estriba en que el agua, debido a su tensión superficial, se rodea de una "película", allí donde entra en contacto con el aire. Este hecho se realiza con tal perfección en cada agujero de la red que el agua no puede fluir. Del mismo modo, la lluvia no penetra por los orificios de la lona de tiendas de campaña.

Figura A. La liga debe apretar bien el cedazo en el cuello de la botella.

Agua para productos industriales

De acuerdo con los especialistas, la industria utiliza en la elaboración de sus productos más de 5 mil millones de metros cúbicos de agua al año. Para que tengas una idea de la cantidad de agua que se requiere para elaborar ciertos productos, une mediante líneas aquellas figuras que tienen la misma forma. Después, responde las preguntas que aparecen debajo de las figuras.

Para obtener un litro de gasolina	Se utilizan 300 litros de agua
Se necesitan 10 litros de agua	Para fabricar un kilogramo de acero
Para producir un kilogramo de papel	Se necesitan 50 litros de agua

¿Qué producto requiere más agua para su fabricación?

_____

¿Cuántos litros de agua se requieren para producir un litro de gasolina?

_____

Energía hidráulica

El agua no es tan sólo importante en el consumo del ser humano, sino también porque, en movimiento en las centrales hidráulicas, produce más del 20% de la electricidad que se emplea en el mundo. En la actualidad, se están diseñando los mecanismos necesarios para aprovechar mejor la energía que generan las mareas y el oleaje.

Las centrales hidroeléctricas se valen de las aguas en movimiento de un río o de una presa para poner en funcionamiento una o más turbinas, que convierten la energía de movimiento en electricidad. México obtiene gran parte de su electricidad de las centrales hidroeléctricas.

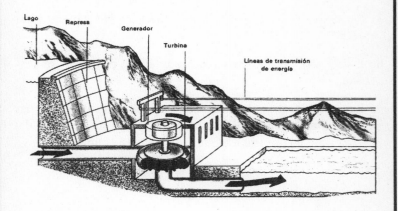

¿Qué podemos hacer por el agua?

Para controlar y disminuir la contaminación del agua los gobiernos, industrias y los grupos ecologistas han empezado a tomar medidas. Sin embargo, esto no es suficiente, pues sin la participación de la población no se logrará eliminar dicha contaminación.

Todos podemos participar para disminuir la contaminación del agua y conservarla. Tú puedes realizar acciones como las siguientes:

1. Usa detergentes biodegradables para la limpieza.

2. Evita verter tinturas, pinturas, aceites y sustancias tóxicas en coladeras, lavabos y excusados.

3. No tires basura y plásticos en el drenaje, ríos, lagos y mar.

4. No desperdicies el agua durante el baño y la limpieza de tu casa.

5. Instala sistemas que permitan captar el agua de lluvia y su reciclado.

6. Exigir a nuestros gobernantes que vigilen y hagan cumplir las normas ecológicas, que garanticen no sólo la preservación del agua y del medio ambiente sino de la especie humana.

Escribe qué otras acciones, como ciudadanos, podemos hacer para que el agua no se desperdicie ni se contamine.

7. _____
   _____

8. _____
   _____

9. _____
   _____

10. _____
    _____

Si quieres experimentar... en casa puedes empezar con agua
Tipografía: *Marcos González*
Negativos de portada e interiores: *Formación Gráfica S.A. de C.V.*
Impresión de portada: *Q Graphics S.A. de C.V.*
Esta edición se imprimió en junio de 2002,
en *UV Print Sur 26 A No. 14 BIS México, D.F. 08500*